Fokus *Mathematik*

Lösungen

Gymnasium Klasse 8
Bayern

Cornelsen

Unter redaktioneller Mitarbeit von: Tatjana Denneler, Sebastian Grunwald

Redaktion: Ulrike Klein

Grafik: Christian Böhning

Umschlaggestaltung: Studio SYBERG, Berlin

Technische Umsetzung: zweiband.media, Berlin

Bildquellenverzeichnis: Einband: Shutterstock.com/Food Travel Stockforlife

www.cornelsen.de

1. Auflage, 3. Druck 2024

Alle Drucke dieser Auflage sind inhaltlich unverändert
und können im Unterricht nebeneinander verwendet werden.

Druck: Esser printSolutions GmbH, Bretten

ISBN 978-3-06-041057-6

PEFC
PEFC/04-31-2851

PEFC-zertifiziert
Dieses Produkt stammt aus nachhaltig bewirtschafteten Wäldern und kontrollierten Quellen
www.pefc.de

Inhaltsverzeichnis

1 Funktionen

1.1 Funktion und Term

Seite 9 | Einstieg

M: München, Bayern
P: Potsdam, Brandenburg
BA: Bamberg, Bayern
B: Berlin
K: Köln, Nordrhein-Westfalen
HH: Hamburg

Methode: Intervallschreibweise

Seite 13 | Aufgabe 1

a)]4; +∞[
b) [−2;+∞[
c)]−∞; −3]

Seite 13 | Aufgabe 2

a) alle rationalen Zahlen, die größer oder gleich 5 sind
b) alle rationalen Zahlen, die größer oder gleich 5 und kleiner als 12 sind
c) alle rationalen Zahlen, die größer oder gleich 5 sind
d) alle rationalen Zahlen, die kleiner oder gleich 3 sind
e) alle rationalen Zahlen, die kleiner als 3 sind
f) alle rationalen Zahlen, die größer als −3 und kleiner als 5 sind

Seite 14 | Aufgabe 1

Die Zuordnung ist ...
a) eine Funktion.
b) eine Funktion.
c) eine Funktion.
d) keine Funktion.
e) eine Funktion.
f) keine Funktion.
g) eine Funktion.
h) eine Funktion.
i) keine Funktion.
j) keine Funktion.

Seite 14 | Aufgabe 2

a) ① C ② B ③ A
b) Bei ① handelt es sich nicht um eine Funktion, da jedem Element der zweiten Menge mehrere Elemente der ersten zugeordnet sind.
② und ③ sind Funktionen, da jedem Wert der zweiten Menge ein eindeutiger Wert der ersten zuzuordnen ist.

Seite 14 | Aufgabe 3

Zuordnung Aufgabenbereich ↦ Schüler

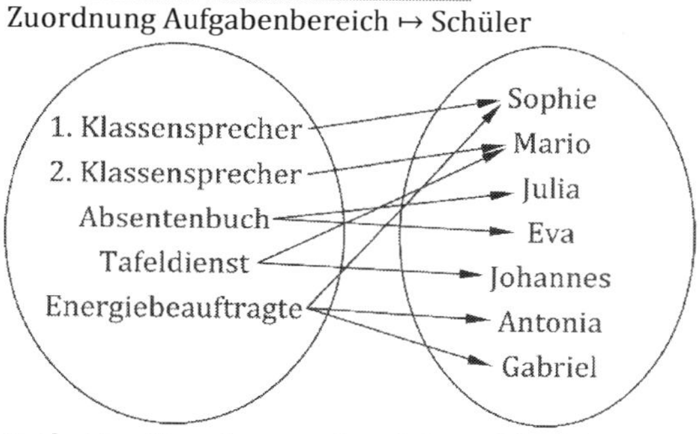

Zuordnung Schüler ↦ Aufgabenbereich

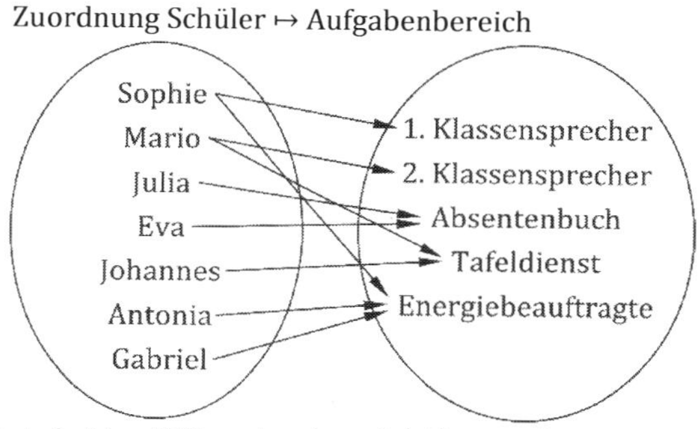

Bei beiden Zuordnungen handelt es sich nicht um Funktionen, da in beiden Fällen einzelnen Schülern mehrere Aufgaben bzw. einzelnen Aufgaben mehrere Schüler zugeordnet werden.

Seite 14 | Aufgabe 4

Das Diagramm zeigt den Graphen...
a) einer Funktion
b) keiner Funktion.
c) einer Funktion.
d) keiner Funktion.
e) einer Funktion.

Seite 15 | Aufgabe 5

a) Definitionsmenge: alle rationalen Zahlen zwischen −3 und 2. Wertemenge: alle rationalen Zahlen zwischen −1,5 und 2,5.
b) Definitionsmenge: alle rationalen Zahlen zwischen −2,5 und 3. Wertemenge: alle rationalen Zahlen zwischen −2 und 2,5.
c) Definitionsmenge: alle rationalen Zahlen zwischen −1,5 und 2. Wertemenge: alle rationalen Zahlen zwischen −1,5 und 1.
d) Definitionsmenge: alle rationalen Zahlen. Wertemenge: alle rationalen Zahlen.

Seite 15 | Aufgabe 6

Definitionsmenge: alle rationalen Zahlen zwischen −2,5 und 2,5. Wertemenge: alle rationalen Zahlen zwischen −1,2 und 1,4.

x	−2,3	0	0,5	0,7	1	1,6	2,5
y	−0,8	−0,5	−1,1	−1,2	−1	0,4	1

Seite 15 | Aufgabe 7

a) $f(x) = 2x$
b) $g(x) = 3x - 5$
c) $h(x) = x^2 + \frac{x}{2}$

Seite 15 | Aufgabe 8

a) ① a^2 ② $6a^2$ ③ 12 ④ 12a ⑤ a^3 ⑥ 6a
b) ① $a = 1, y = 1$ ② $a = 2, y = 24$ ③ $a = 5, y = 12$ ④ $a = 3, y = 36$ ⑤ $a = 2, y = 8$ ⑥ $a = 2, y = 12$

Seite 15 | Aufgabe 9

d: $n \mapsto \frac{n \cdot (n+1)}{2}$ v: $n \mapsto n^2$

Seite 15 | Aufgabe 10

Typische Werte: Grundgebühr pro Monat: 4,80 €; Preis pro Kubikmeter Wasser: 2,10 €.
$f(x) = 12 \cdot 4{,}80 + 2{,}10 \cdot x = 57{,}60 + 2{,}10 \cdot x$
x: Zählerstand in Kubikmeter; Definitionsmenge: alle rationale Zahlen zwischen 0 und 100

Seite 16 | Aufgabe 11

x	0	1	2	3	4	5
$f(x) = 2x$	0	2	4	6	8	10

..., so nehmen die zugehörigen Funktionswerte f(x) bei jedem Schritt um einen konstanten Wert zu.

x	0	1	2	3	4	5
$h(x) = -3x + 1{,}2$	1,2	−1,8	−4,8	−7,8	−10,8	−13,8

..., so nehmen die zugehörigen Funktionswerte f(x) bei jedem Schritt um einen konstanten Wert ab.

x	0	1	2	3	4	5
$g(x) = x^2 + 1$	1	2	5	10	17	26

..., so nehmen die zugehörigen Funktionswerte g(x) bei jedem Schritt um einen immer größer werdenden Wert zu.

x	0	1	2	3	4	5
$j(x) = 4 - x^2$	4	3	0	-5	−12	-21

..., so nehmen die zugehörigen Funktionswerte f(x) bei jedem Schritt um einen immer größer werdenden Wert ab.

Seite 16 | Aufgabe 12

a)

Zeit in Minuten	15	42	48	55	75	94	111	120
Zeit in Stunden	0,25	0,7	0,8	0,92	1,25	1,57	1,85	2
Wegstrecke in km	5	12	12,5	12,5	16,25	25	30	31,7

b) Florian fährt zunächst eine halbe Stunde mit einer konstanten Geschwindigkeit von 20 km/h. Anschließend fährt er 18 Minuten langsamer mit ca. 8,33 km/h und macht dann 12 Minuten Pause.
Danach fährt er eine halbe Stunde mit 15 km/h, legt dann einen Sprint hin, in dem er 6 Minuten lang 75 km/h fährt (vermutlich geht es da bergab). Am Schluss fährt er noch einmal 24 Minuten mit 12,5 km/h.

c) Geschwindigkeiten auf den sechs Streckenabschnitten:
I: $\frac{10\text{ km}}{0{,}5\text{ h}} = 20\frac{\text{km}}{\text{h}}$; II: $\frac{2{,}5\text{ km}}{0{,}3\text{ h}} = 8{,}33\frac{\text{km}}{\text{h}}$; III: $\frac{0\text{ km}}{0{,}2\text{ h}} = 0\frac{\text{km}}{\text{h}}$; IV: $\frac{7{,}5\text{ km}}{0{,}5\text{ h}} = 15\frac{\text{km}}{\text{h}}$; V: $\frac{7{,}5\text{ km}}{0{,}1\text{ h}} = 75\frac{\text{km}}{\text{h}}$; VI: $\frac{5\text{ km}}{0{,}5\text{ h}} = 10\frac{\text{km}}{\text{h}}$
Mittlere Geschwindigkeit der gesamten Tour: $\frac{32{,}5\text{km}}{2{,}1\text{h}} = 15{,}48\frac{\text{km}}{\text{h}}$.
Florian war im Streckenabschnitt V deutlich schneller als seine mittlere Geschwindigkeit.

d) Anfangsgeschwindigkeit: 20 km/h, bei dieser Geschwindigkeit gilt $f(t) = 20 \cdot t$, t: Fahrzeit in Stunden nach Fahrtbeginn
Florian fährt insgesamt 32,5 km. Es gilt $32{,}5 = 20 \cdot 1{,}625$
Bei einer konstanten Geschwindigkeit von 20 km/h hätte Florian sein Ziel nach 1,626 Stunden, also 97,5 Minuten erreicht.

Seite 16 | Aufgabe 13

① C
Beschriftung der x-Achse: Menge in kg
Beschriftung der y-Achse: Preis in Euro
Zuordnung: Menge gekaufter Kartoffeln ↦ Preis

② A
Beschriftung der x-Achse: Zeit in Sekunden
Beschriftung der y-Achse: Geschwindigkeit in Metern pro Sekunde
Zuordnung: Zeit ↦ Geschwindigkeit

③ D
Beschriftung der x-Achse: Zeit in Stunden
Beschriftung der y-Achse: Anzahl der Bakterien
Zuordnung: Zeit ↦ Bakterienanzahl

④ B
Beschriftung der x-Achse: Zeit in Minuten
Beschriftung der y-Achse: Geschwindigkeit in Kilometern pro Stunde
Zuordnung: Zeit ↦ Geschwindigkeit

Seite 17 | Aufgabe 14

a) 30 Jahre: maximale Pulsfrequenz $f = 0{,}8 \cdot (220 - 30) = 152$
45 Jahre: maximale Pulsfrequenz $f = 0{,}8 \cdot (220 - 45) = 140$
57 Jahre: maximale Pulsfrequenz $f = 0{,}8 \cdot (220 - 57) = 130{,}4$

b) $f(x) = 0{,}8 \cdot (220 - x)$

c) $f(x) = (220 - x) \cdot 0{,}8 = 148 \Leftrightarrow x = 35$
Bei einer Person von 35 Jahren beträgt die maximale Pulsfrequenz 148 Pulsschläge pro Minute.

d) $f(x) = 0$ gilt für $x = 220$
Dies würde bedeuten, dass bei einer Person von 220 Jahren eine maximale Pulsfrequenz von 0 Schlägen pro Minute nicht überschritten werden soll. Dies ist nicht sinnvoll, da ein Alter von 220 genauso wenig realistisch ist wie 0 Pulsschläge.
sinnvolle Definitionsmenge: alle rationalen Zahlen zwischen 0 und 100. Graph: Zeichenübung.

e) individuelle Lösungen

Seite 17 | Aufgabe 15

individuelle Lösungen, beispielsweise:

1. Die blaue Kerze brennt für 50 Minuten, die grüne für 100 Minuten.
2. Die blaue Kerze brennt langsamer ab, als die grüne Kerze: Die blaue wird in 20 Minuten um 2,5 cm kleiner, die grüne in 25 Minuten um 5 cm.
3. Beide Kerzen sind anfangs 20cm hoch
4. Die grüne Kerze ist nach 100 Minuten vollständig abgebrannt. Die blaue Kerze ist nach 50 Minuten noch 13,75 cm hoch.
5. Die blaue Kerze wäre nach 80 Minuten um die Hälfte abgebrannt, nach 160 Minuten vollständig.

Seite 17 | Aufgabe 16

a) $h(0) = 4\ \text{dm} = 40\ \text{cm}$
Zur Zeit $t = 0$ beträgt der Wasserspiegel 40 cm. Dies bedeutet also, dass schon zu Beginn des Befüllens Wasser im Becken ist und zwar so viel, dass der Wasserspiegel 40 cm hoch ist.
$h(6) = 16\ \text{dm} = 160\ \text{cm}$
Nach 6 Minuten – also zum Ende des Befüllens – ist der Wasserspiegel 160 cm hoch.

b) Nach jeder Minute des Befüllens ist der Wasserspiegel um 40 cm gestiegen. Also verläuft das Befüllen gleichmäßig.

c) Wertemenge: alle rationalen Zahlen zwischen 4 und 16.

Seite 17 | Aufgabe 17

a) Insgesamt hat die Bevölkerungszahl in Bayern von 2001 bis 2017 zugenommen. Die Zunahme verlief jedoch nicht gleichmäßig. Zwischen 2007 und 2009 und noch einmal von 2010 auf 2011 nahm die Bevölkerungszahl ab, seit 2011 stieg sie dann deutlich stärker als vor 2007.

b)

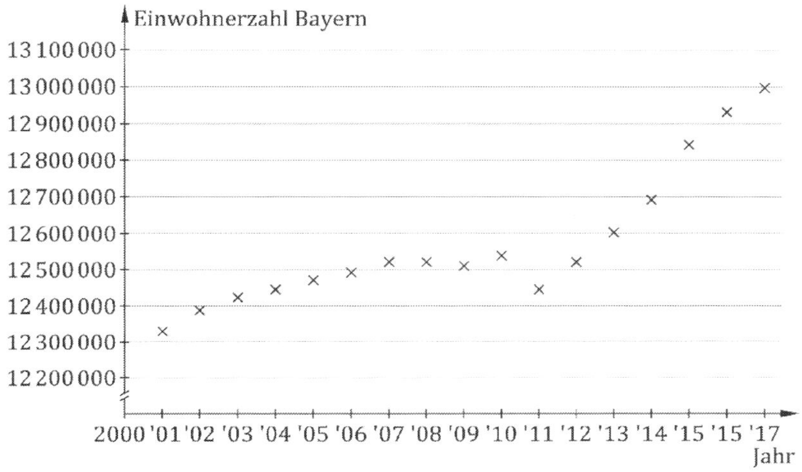

Die Punkte darf man nicht zu einem Graphen verbinden, da sie jeweils nur eine „Momentaufnahme" der Bevölkerungszahl darstellen. Wie sich die Bevölkerungszahl innerhalb des jeweiligen Jahres entwickelt hat, kann nicht abgelesen werden und somit auch nicht als linear angenommen werden.
Die Entwicklung der Bevölkerungszahl folgt keiner mathematischen Funktion, kann also nicht mit einem Funktionenplotter dargestellt werden.

c)

Bevölkerung in Deutschland am 31.12. des Jahres	
2001	82 440 309
2002	82 536 680
2003	82 531 671
2004	82 500 849
2005	82 437 995
2006	82 314 906
2007	82 217 837
2008	82 002 356
2009	81 802 257
2010	81 751 602
2011	80 327 900
2012	80 523 746
2013	80 767 463
2014	81 197 537
2015	82 175 684
2016	82 521 653
2017	82 792 351

Von 2002 bis 2011 nahm die Bevölkerungszahl in Deutschland ab. Seit 2011 steigt sie stetig an.
Wenn man die Daten in einem Punktdiagramm darstellt, sieht man, dass der Rückgang der Bevölkerung von 2010 auf 2011 am größten war. Seitdem steigt die Bevölkerungszahl, am stärksten von 2014 auf 2015.

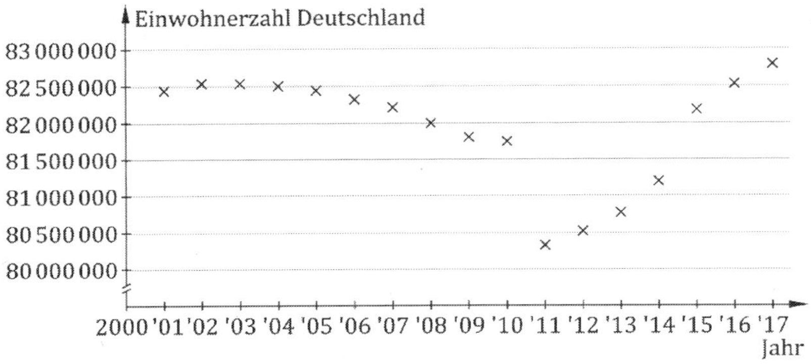

Seite 18 | Aufgabe 18

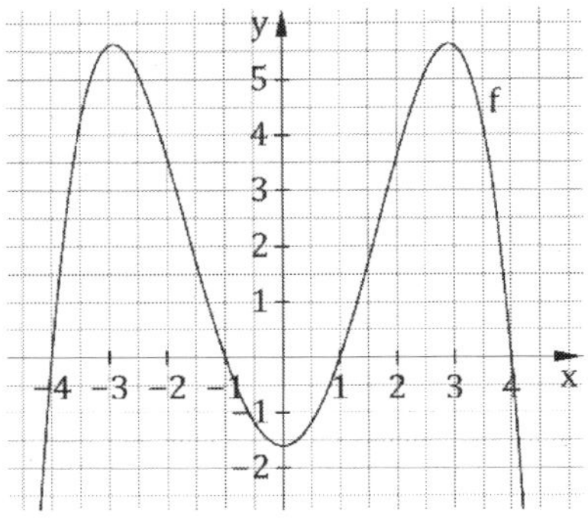

Definitionsmenge: ℚ
Schnittpunkte mit den Koordinatenachsen:
(0|−1,6), (−4|0), (−1|0), (1|0) und (4|0)
Die Funktionswerte sind nicht größer als 5,625, also:
Wertemenge:]−∞; 5,625]
Sonstiges: Der Graph ist symmetrisch zur y-Achse.

Seite 18 | Aufgabe 19

a) Zunächst fällt der Graph und schneidet dabei die y-Achse im Punkt (0|3). Er fällt weiterhin bis x = 4 (allerdings nicht gleichmäßig) und steigt dann gleichmäßig an. Die beiden Nullstellen liegen bei x = 2 und x = 7. Der tiefste Punkt ist (4|−1). Damit besteht die Wertemenge aus allen rationalen Zahlen, die größer oder gleich −1 sind.

b) ① Hochpunkt bei (0|4), Nullstellen bei (−2|0) und (2|0)
Wertemenge:]−∞; 4]
Der Graph steigt bis x = 4 und fällt anschließend ab.
Der Graph ist symmetrisch zur y-Achse.

② Tiefpunkt (0|1), keine Nullstellen
Wertemenge: [1; ∞[
Der Graph fällt gleichmäßig bis x = 1 und steigt anschließend gleichmäßig an.
Der Graph ist symmetrisch zur y-Achse.

③ weder Hoch- noch Tiefpunkte, Nullstelle bei (0|0)
Wertemenge: ℚ
Der Graph steigt ungleichmäßig an.
Der Graph ist punktsymmetrisch zum Ursprung

④ Tiefpunkt bei (−5|0), Nullstelle bei (−5|0)
Wertemenge: [0; ∞[
Der Graph fällt bis x = −5 gleichmäßig ab und steigt anschließend ungleichmäßig an.

c) individuelle Lösungen

Seite 19 | Aufgabe 20

a) Es gibt nur eine Möglichkeit, nämlich $y = -\frac{2}{5}x + 2$.

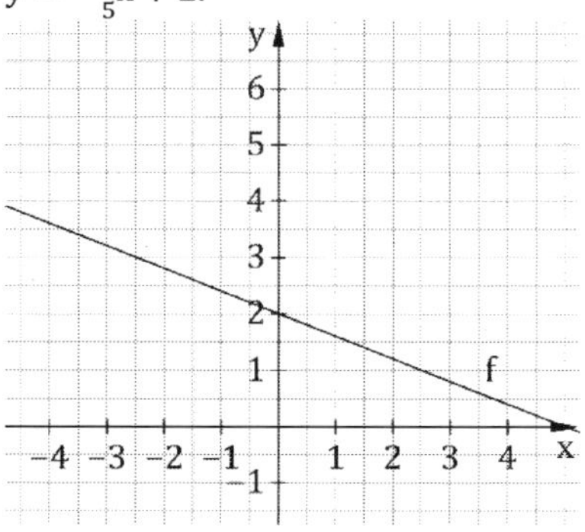

b) Es gibt unendlich viele Möglichkeiten. Ein Beispiel ist:

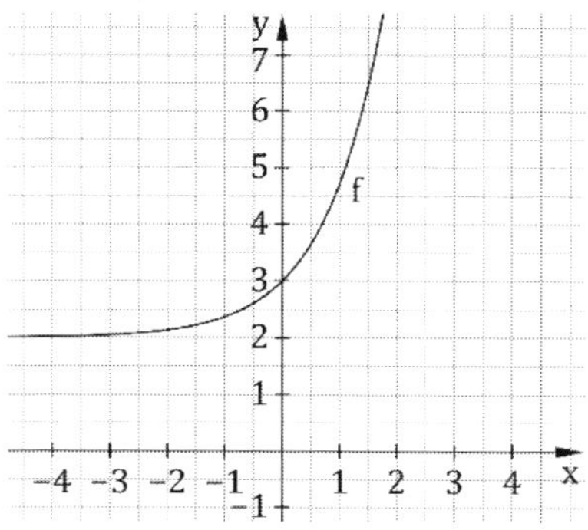

c) Es gibt unendlich viele Möglichkeiten. Ein Beispiel ist:

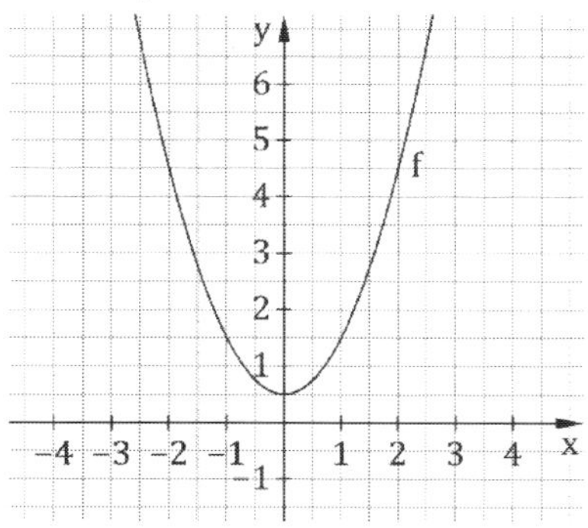

Seite 19 | Aufgabe 21

a) Falsch: Hat die Gerade die Steigung $m = 0$ und einen y-Achsenabschnitt $b \neq 0$, so hat die Funktion keine Nullstelle.
b) Falsch: Wenn eine Nullstelle bei $x = 0$ liegt, dann hat die Funktion eine ungeradzahlige Anzahl Nullstellen. Gegenbeispiele sind also $f(x) = x^2$ (eine Nullstelle) oder $f(x) = x^4 - x^2$ (drei Nullstellen), deren Graphen beide symmetrisch zur y-Achse sind.
c) Falsch: Es ist $f(9) = 81$, damit liegt der Punkt unterhalb des Graphen der Funktion f.
d) Falsch: Es gilt $f(0) = 2$; $f(1) = 1$, $f(2) = -2$; $f(3) = -7$. Die x-Werte nehmen also jeweils um 1 zu, die y-Werte aber um unterschiedliche Werte ab.

Seite 19 | Aufgabe 22

a) Auf der x-Achse ist sinnvollerweise die Zeit abgebildet. Da eine Runde eines Rennens typischerweise einige wenige Minuten dauert, kann die Zeit in Minuten oder Sekunden angegeben werden.
Funktion: Zeit → Geschwindigkeit
b) Die Geschwindigkeit wird im Laufe der Runde drei Mal deutlich langsamer. Es gibt also drei Kurven auf der Strecke.
Es kann sich nicht um die erste Runde handeln, da der Rennwagen bereits bei $x = 0$ eine bestimmte Geschwindigkeit besitzt und nicht aus dem Stand heraus startet.
c) Drei Kurven hat Rennstrecke B, die Funktion zeigt also den Verlauf der Geschwindigkeit beim Durchfahren von B.

Seite 19 | Aufgabe 23

a) Verbrauch von Einkauftaschen aus Plastik in Deutschland.

Jahr	2000	2012	2015	2016	2017	2018
Verbrauch in Mrd.	7,0	6,1	5,6	3,7	2,4	2,0

b) Von 2000 bis 2015 ist der Verbrauch von Plastiktüten pro Jahr von 7 Mrd. auf 5,6 Mrd. zurückgegangen, also um 20 %.
Von 2015 bis 2018 ist der Verbrauch von Plastiktüten pro Jahr von 5,6 Mrd. auf 2,0 Mrd. zurückgegangen, also um 64,3 %.

Seite 20 | Aufgabe 24

A – ④: Da das Gefäß nach oben enger wird, nimmt die Wasserhöhe immer stärker zu.
B – ③: Der Gefäßdurchmesser wird plötzlich größer, damit hat auch der Anstieg der Wasserhöhe dort einen Knick.
C – ②: Der Durchmesser des Gefäßes wird erst größer und bleibt dann gleich. Damit steigt die Wasserhöhe zuerst schneller als gleichmäßig und dann gleichmäßig.

Seite 20 | Aufgabe 25

	Steigung	Symmetrie	Wertemenge	Schnittpunkte mit den Achsen
a)	1	–	$\mathbb{Q}$	(–2|0); (0|2)
b)	–1,5	–	$\mathbb{Q}$	(0|0)
c)	nicht gleichmäßig	achsensymmetrisch zur y-Achse	[–4; +∞[	(–2|0); (2|0); (0|–4)
d)	nicht gleichmäßig	achsensymmetrisch zur y-Achse	]–∞; 16]	(–2;0); (2|0); (0|16)
e)	nicht gleichmäßig	achsensymmetrisch zur y-Achse	[0; +∞[	(0|0)
f)	nicht gleichmäßig	achsensymmetrisch zur y-Achse	[1; +∞[	(0|1)

Seite 20 | Aufgabe 26

a) $g(x) = x^2$ $h(x) = 2x^2$ $i(x) = x^2 + 1$
b) individuelle Lösungen

Seite 20 | Aufgabe 27

Die Jugendlichen mussten drei Mal umkehren. Zuerst starteten sie in Richtung des Bergs, mussten dabei aber einmal umkehren bis sie letztendlich bei der Bergspitze ankamen. Dann wanderten sie den Gipfel herab, mussten jedoch noch einmal fast bis zu Spitze aufsteigen, da jemand wohl etwas auf dem Weg verloren hatte. Schließlich ging es eine kleine Anhöhe hinauf, bevor der Abstieg startete. Auf diesem Weg jedoch mussten sie erneut noch einmal ein kleines Stück aufsteigen und machten nach dem kurzen Aufstieg eine Pause. Danach liefen sie dann zum See.

2 Lineare Funktionen

2.1 Direkte Proportionalität

Seite 25 | Einstieg

a)

Zeit in Minuten	30	60	90	180	210
Füllmenge in m^3	2,25	4,5	6,75	13,5	15,75

b) „Wenn man erstmal den Wert für 30 Minuten hat, dann muss man ihn nur noch mit der Zahl multiplizierten, mit der 30 multipliziert werden muss, um die gesuchte Zeit zu erreichen."

Seite 29 | Aufgabe 1

a)

Anzahl der Spielfiguren	1	2	3	4	5	6	7	8	9	10	11	12
Preis	0,50 €	1 €	1,50 €	2 €	2,50 €	3 €	3,50 €	4 €	4,50 €	5 €	5,50 €	6 €

b)

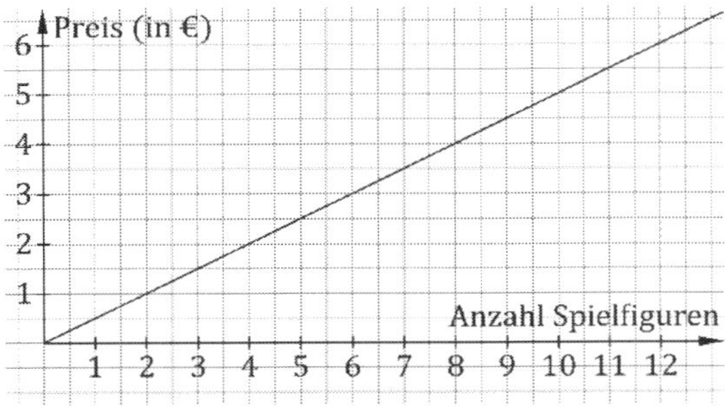

c) Der Graph der Geraden geht durch den Ursprung und hat eine konstante Steigung, nämlich $m = 0{,}5$.

Seite 29 | Aufgabe 2

a)

Fläche (in m^2)	250	350	500	550	700
Preis (in €)	150 000	210 000	300 000	330 000	420 000

b) Die Zuordnung ist direkt proportional, da ihr Graph $y = 600 \cdot x$ eine Ursprungsgerade ist.
Der Proportionalitätsfaktor ist $m = 600$.

c)

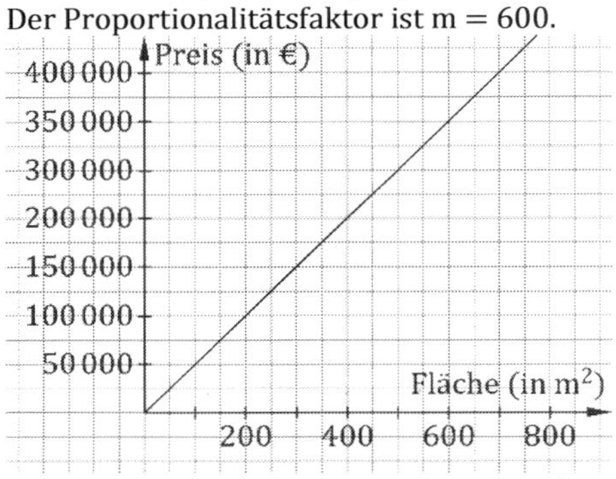

d) Für 130 000 € erhält man ein Grundstück mit der Fläche 216,7 m².

Seite 29 | Aufgabe 3

Die Zuordnung ist...

a) nicht direkt proportional. Für 6 km zahlt man weniger als der Dreifache des Preises für 2 km.
b) direkt proportional. Ein Kilo Erdbeeren kostet 3,40 €.
c) nicht direkt proportional. Wenn 1 kg Äpfel 2,00 € kosten, müssten es bei Proportionalität 10,00 € für 5 kg sein,
d) nicht direkt proportional. Für den 1000-m-Gipfel wird mehr als die doppelt so lange wie für den 500-m-Gipfel gebraucht.

Seite 29 | Aufgabe 4

a) direkt proportional

Größe I	2	4	8	12	36	90
Größe II	7,5	15	30	45	135	337,5

b) direkt proportional

Größe I	4,8	8	7,5	24	11
Größe II	2,1	3,5	3,28125	10,5	4,8125

c) direkt proportional

Größe I	$\frac{4}{7}$	3	$\frac{10}{49}$	$\frac{25}{98}$	2	$\frac{4}{49}$
Größe II	2,8	14,7	1	$\frac{5}{4}$	9,8	0,4

Seite 29 | Aufgabe 5

$y = \frac{1}{3}x$; Lösungswort: PERIMETER

x	16,5	$12\frac{2}{3}$	9	3,3	17,1	$12\frac{1}{3}$	63	67,5	$\frac{1}{6}$	0,2
y	5,5	$4\frac{2}{9}$	3	1,1	5,7	$4\frac{1}{9}$	21	22,5	$\frac{1}{18}$	$\frac{1}{15}$

Seite 30 | Aufgabe 6

a) 2 nach rechts; 3 nach oben | 1 nach rechts; 1,5 nach oben | 1 nach links; 1,5 nach unten
b) 1 nach rechts; 2 nach unten | 2 nach rechts; 4 nach unten | 1 nach links; 2 nach oben
c) 2 nach rechts; 1 nach oben | 1 nach rechts; 0,5 nach oben | 2 nach links; 1 nach unten
d) 2 nach rechts; 3 nach unten | 1 nach rechts; 1,5 nach unten | 2 nach links; 3 nach oben

Seite 30 | Aufgabe 7

a) G_a: $y = 2x$ | G_b: $y = x$ | G_c: $y = \frac{1}{3}x$ | G_d: $y = -0{,}5x$ | G_e: $y = -4x$
b) G_a: $y = 1{,}5x$ | G_b: $y = \frac{3}{5}x$ | G_c: $y = 0{,}25x$ | G_d: $y = -\frac{2}{7}x$ | G_e: $y = -\frac{5}{2}x$

Seite 30 | Aufgabe 8

G_a: $m = 3$ | G_b: $m = -3$ | G_c: $m = 0{,}5$ | G_d: $m = \frac{2}{3}$ | G_e: $m = -\frac{1}{4}$

Seite 31 | Aufgabe 9

Zeichnung zu den Teilaufgaben a) bis h):

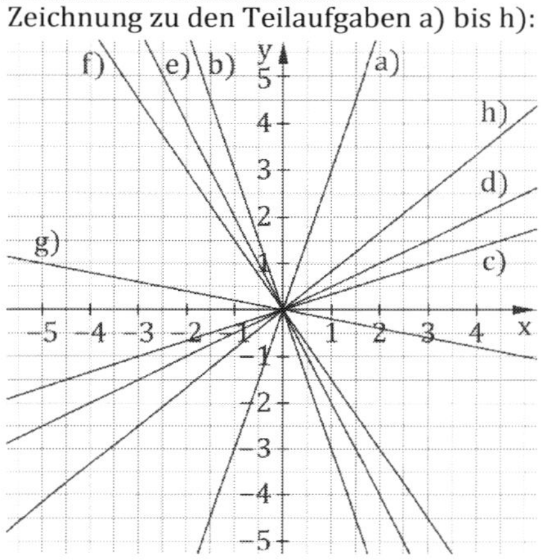

a) $y = 3x$ | b) $y = -3x$ | c) $y = \frac{1}{3}x$ | d) $y = 0{,}5x$
e) $y = -2x$ | f) $y = -1{,}5x$ | g) $y = -\frac{1}{5}x$ | h) $y = \frac{5}{6}x$

Seite 31 | Aufgabe 10

1. Der Graph geht durch den Ursprung. Man sucht nun einen weiteren Punkt, beispielsweise (1|2,5) und zeichnet eine Gerade durch diese beiden Punkte.
2. Man sucht zwei Punkte auf der Geraden, beispielsweise (−2|−5) und (2|5), und zeichnet eine Gerade durch diese beiden Punkte.
3. Man zeichnet vom Ursprung ausgehend ein Steigungsdreieck, indem man beispielsweise zwei Einheiten nach rechts und fünf Einheiten nach oben geht. Mit diesem Steigungsdreieck zeichnet man die Gerade.

Seite 31 | Aufgabe 11

a) Beispiel: P(3|−1)

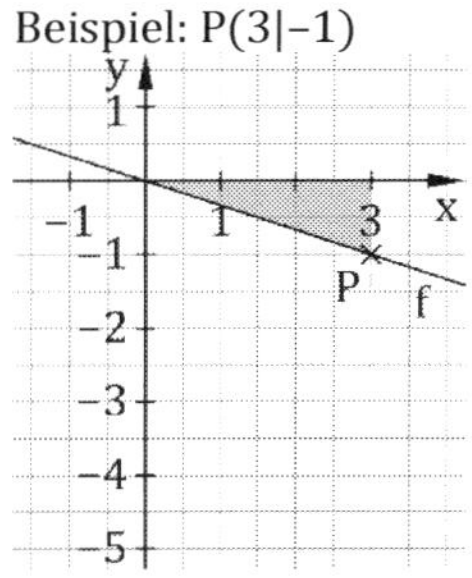

b) Beispiel: P(3|5,4)

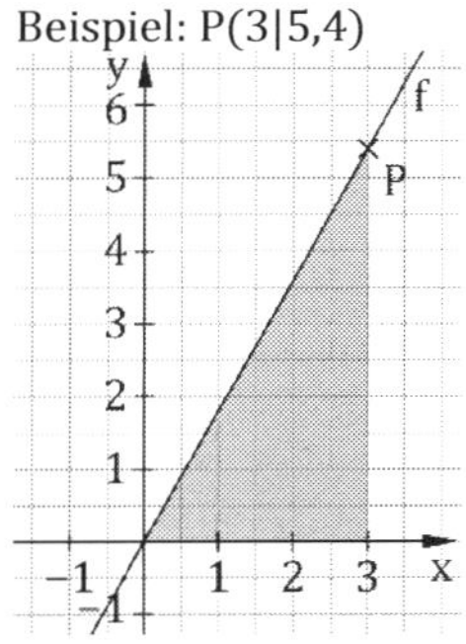

c) Beispiel: P(2|−4,8)

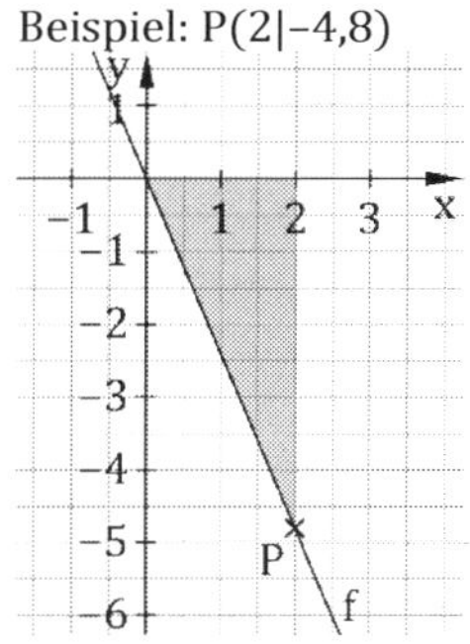

d) Beispiel: P(2|3,5)

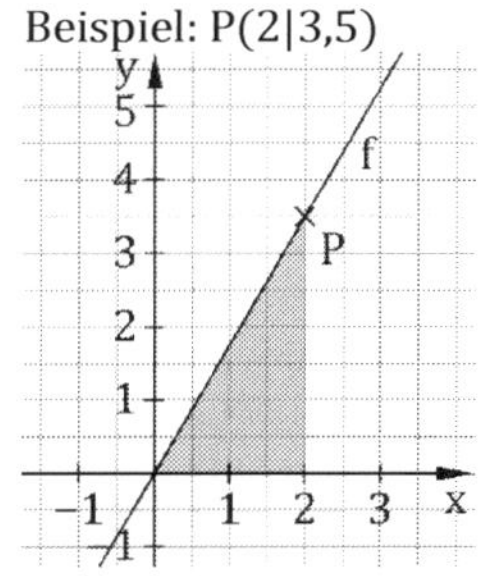

Seite 31 | Aufgabe 12

a) Abänderung Größe I:

Größe I	4	12	32	6	$\frac{2}{3}$
Größe II	3	9	24	4,5	0,5

Abänderung Größe II:

Größe I	4	12	36	6	1
Größe II	3	9	27	4,5	0,75

Proportionalitätsfaktor: m =0,75

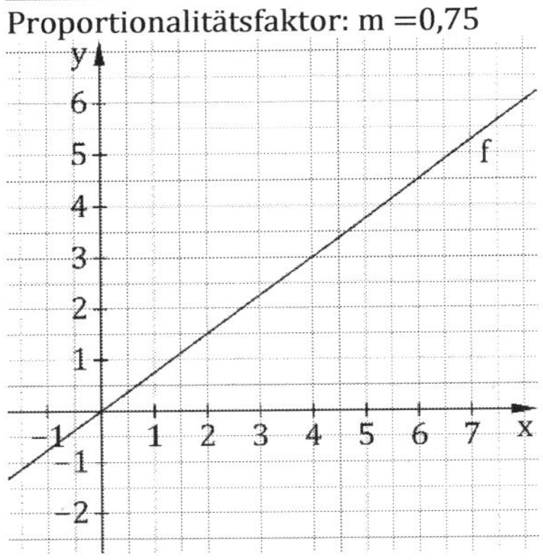

b) Abänderung Größe I

Größe I	2,5	7	$4\frac{2}{7}$	$7\frac{23}{28}$	17,5
Größe II	10,5	29,4	18,0	32,85	73,5

Abänderung Größe II:

Größe I	2,5	7	3,8	14,5	15
Größe II	10,5	29,4	15,96	60,9	63

Proportionalitätsfaktor: m = 4,2

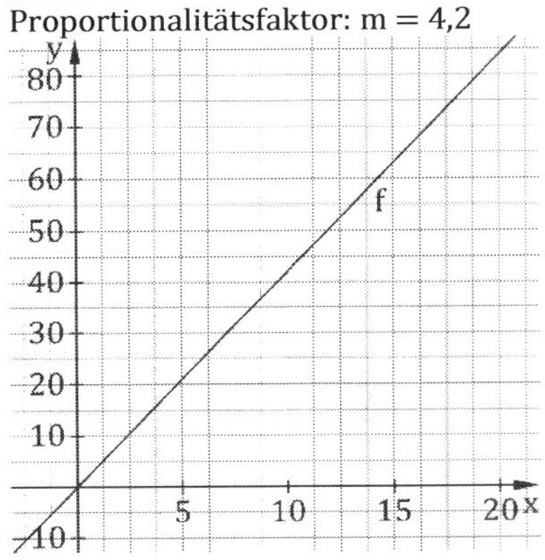

Seite 31 | Aufgabe 13

a)

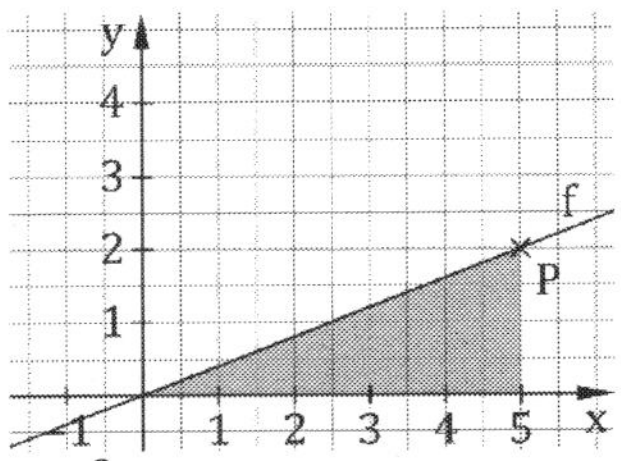

b) $y = \frac{2}{5}x$

c) Beispielsweise P(2,5|1), Q(10|4) und R(1|0,4)

Seite 31 | Aufgabe 14

a)

Prozentsatz	1 %	2 %	3 %	4 %	5 %	6 %	7 %	8 %	9 %	10 %
Wert in €	0,45	0,9	1,35	1,8	2,25	2,7	3,15	3,6	4,05	4,5

Es liegt eine direkte Proportionalität vor, die Gleichung lautet $y = 0{,}45x$.

b)

Grundwert in €	10	20	30	40	50	60
5 % des Grundwertes in €	0,50	1	1,50	2	2,50	3

Es liegt eine direkte Proportionalität vor, die Gleichung lautet $y = 0{,}05x$.

c) Die Größen Grundwert und Prozentsatz sind direkt proportional zueinander. Beispiel: individuelle Lösung.

Seite 32 | Aufgabe 15

Beispiel: Kauf von Wasserflaschen. Kostet eine Flasche Wasser 50 ct, so lässt sich der Preis beliebig vieler Flaschen mithilfe der Funktion $y = 0{,}5x$ bestimmen. Dabei ist y der Preis der Flaschen in Euro und x die Anzahl der gekauften Wasserflaschen.
Die Zuordnung ist direkt proportional, da sie durch den Ursprung geht (0 Flaschen kosten 0€) und mit jeder Flasche der Preis um genau 0,50 € steigt. Daher liegen alle Werte auf einer Geraden.

Seite 32 | Aufgabe 16

y ist der Gesamtpreis, x die Anzahl der Teigtaschen und m der Preis einer Teigtasche. Dann gilt allgemein die Gleichung $y = m \cdot x$, und die drei Einkäufe führen zu den drei Gleichungen
$1{,}92 = m \cdot x_1$; $3{,}84 = m \cdot x_2$; $6{,}40 = m \cdot x_3$. Dabei ist m konstant, x_1, x_2 und x_3 sind ganze Zahlen.
Eine mögliche Lösung ist $m = 0{,}64$, $x_1 = 3$; $x_2 = 6$ und $x_3 = 10$.
Eine Teigtasche kostet dann 0,64 €, Teresa kauft 3, Selina 6 und Sara 10. Für eher kleine Teigtaschen kann das realistisch sein.
Rechnerisch möglich wären aber auch andere Lösungen, z. B. $m = 0{,}32$, $x_1 = 6$; $x_2 = 12$ und $x_3 = 20$.
Eine Teigtasche kostet dann 0,32 € und die Mädchen kaufen jeweils doppelt so viele.

Seite 32 | Aufgabe 17

500 g Waschmittel kosten genau doppelt so viel wie 250 g, bei 750 g spart man einen Cent gegenüber dem Kauf von drei 250-g-Packungen.
Das „3 kg Supersparpaket" ist dagegen 90 ct teurer als 12 kleine 250-g-Packungen (die kosten 13,44 €) oder 94 ct teurer als vier 750-g-Packungen (13,40 €). Damit ist es auch kein „Sparpaket".
Kauft man hingegen 5 kg, so spart man im Vergleich zu 20 Packungen mit 250 g 50 ct.

Seite 32 | Aufgabe 18

a)

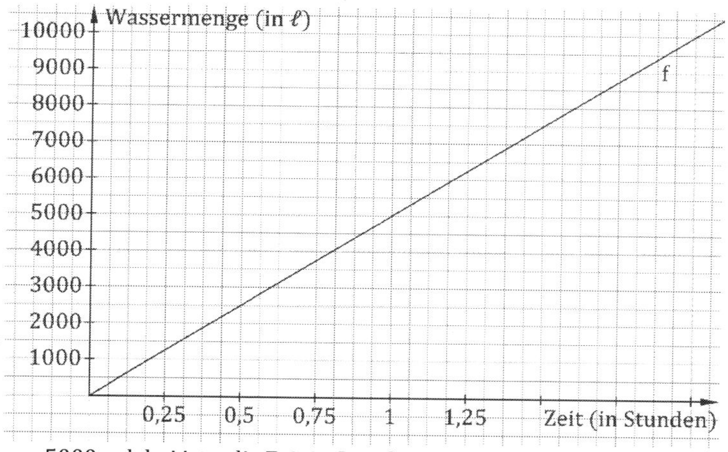

$y = 5000x$; dabei ist x die Zeit in Stunden nach Beginn des Auspumpens und y die ausgepumpte Wassermenge in Litern

b) 1000 l: ausgepumpt nach 0,2 Stunden, also 12 Minuten
2500 l: ausgepumpt nach 0,5 Stunden, also 30 Minuten
7000 l: ausgepumpt nach 1,4 Stunden, also 1 Stunde und 24 Minuten

c) 100 Minuten sind $1\frac{2}{3}$ Stunden, danach sind $8333\frac{1}{3}$ Liter ausgepumpt.

Seite 32 | Aufgabe 19

a) 4 Eier brauchen auch 7 Minuten zum Hartkochen.
b) Die Geschwindigkeit beim Sprint ist nicht direkt proportional zum Alter, das kann man also mit diesen Angaben nicht bestimmen.
c) individuelle Lösungen

Seite 32 | Aufgabe 20

Der Messzylinder hat überall den gleichen Durchmesser. Deswegen gilt für das Volumen der Wassermenge $V = G \cdot h$ mit der Höhe h und der konstanten Grundfläche G. Volumen und Höhe sind also direkt proportional.

Seite 32 | Aufgabe 21

a) $m = 0{,}5$, $y = 0{,}5x + 1$

x	–5	–2	2	4	7	9
y	–1,5	0	2	3	4,5	5,5

b) $m = 2$, $y = 2x - 12$

x	–3	–1	0	2	3	7
y	–18	–14	–12	–8	–6	2

Seite 32 | Aufgabe 22

a)

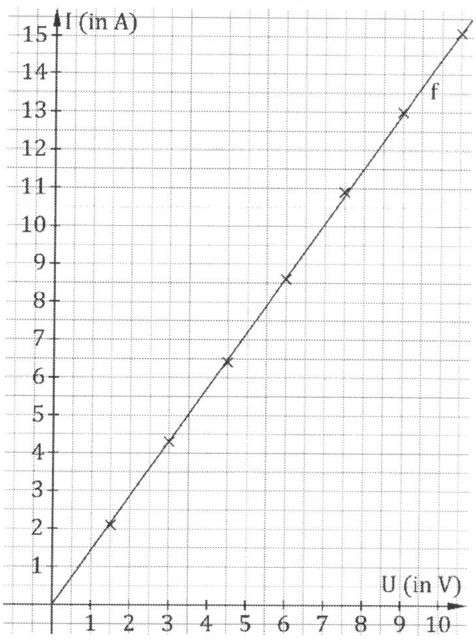

b) Die Punkte sind das Ergebnis von Messungen, die immer ein wenig ungenau sind.

c) $I = 1{,}44 \cdot U$
Physikalisch ist der Proportionalitätsfaktor zwischen Strom und Spannung ein Maß für den elektrischen Widerstand. Es gilt $U = R \cdot I$ oder $I = \frac{1}{R} \cdot U$. Hier ist also $R \approx \frac{1}{1{,}44} \approx 0{,}7\ \Omega$.

Seite 33 | Aufgabe 23

a) Für die Steigung gilt: $m = \frac{1-4}{-3-4} = \frac{4-1}{4-(-3)} = \frac{3}{7}$. Da man die Differenz der Koordinaten der beiden Punkte betrachtet und die beiden Koordinatendifferenzen durch einander teilt, ist die Reihenfolge egal.
Weiteres Beispiel: Die Gerade durch die Punkte C(1|1) und D(2|0) hat die Steigung $m = \frac{1-0}{1-2} = \frac{0-1}{2-1} = -1$

b) Haben zwei Punkte die gleiche x-Koordinate, so wird der Nenner in dem Term zur Berechnung der Steigung gleich 0. Da die Division durch 0 nicht definiert ist, kann die Steigung einer solchen Geraden nicht berechnet werden. Es handelt sich um eine Parallele zur y-Achse.

Seite 33 | Aufgabe 24

a) 12 % Gefälle: Auf einer waagerecht gemessenen Strecke von 100 m ändert sich die Höhe um 12 m nach unten.
8 % Steigung: Auf einer waagerecht gemessenen Strecke von 100 m steigt die Straße um 8 m an.
12,5 % Steigung: Auf einer waagerecht gemessenen Strecke von 100 m ändert sich die Höhe um 12,5 m nach oben.

b) 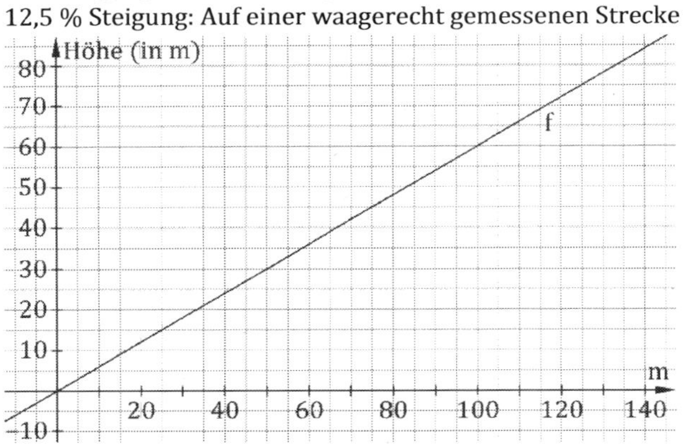

c) 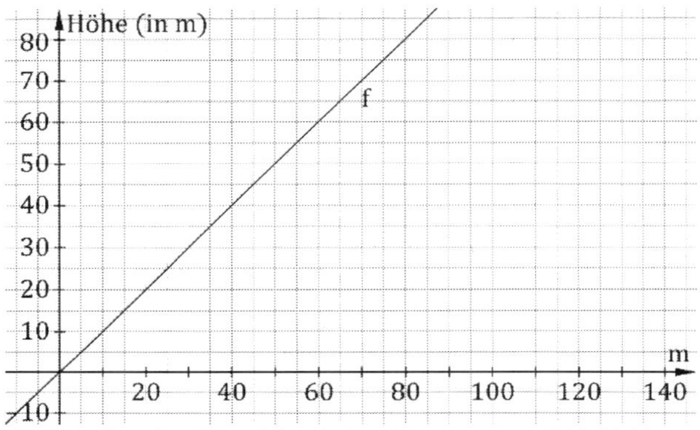

Eine senkrechte Wand hat keine Steigung von 100 %. Diese Steigung bedeutet, dass auf einer waagrechten Strecke von 100 m sich auch die Höhe um 100 m ändert. Maxis Aussage kann also nicht korrekt sein.

Seite 33 | Aufgabe 25

a) Den Quotient aus Masse und Volumen nennt man Dichte. Er ist für einen Stoff konstant.
① Dichte = $2{,}9\,\frac{g}{cm^3}$; Granit
② Dichte ≈ $6{,}7\,\frac{g}{cm^3}$; Antimon
③ Dichte ≈ $8{,}6\,\frac{g}{cm^3}$.; Cadmium
④ Dichte ≈ $12\,\frac{g}{cm^3}$; Palladium

b) Da die Dichte von Bauschaum sehr gering ist, läge der Graph in diesem Koordinatensystem fast auf der x-Achse. Die Masse von 9 cm^3 Bauschaum beträgt nur 0,27 g. Man könnte die Steigung in dieser Darstellung also kaum ablesen.

Seite 33 | Aufgabe 26

a) Die Funktion ist in der ersten halben Stunde direkt proportional, da die Konzentration zum Zeitpunkt t = 0 null beträgt und der Graph der Funktion eine Gerade darstellt.
$f(t) = 0{,}5\,\frac{mg}{l} \cdot t$; t in Minuten nach der Einnahme und $t \leq 30$.
Zeichenübung

b) $f(45) = 22{,}5\,\frac{mg}{l}$. Dies ist deutlich mehr als tatsächlich der Fall ist. Dies steht nicht im Einklang mit dem Verhalten zu Beginn.

Seite 33 | Aufgabe 27

Jeder Quadratmeter eines Weizenfeldes liefert mit diesen Angaben 300 · 2,5 · 30 = 22 500 Körner und damit 22,5 Scheiben Brot bzw. Brötchen.
Der jährliche Brotkonsum ist natürlich individuell verschieden. Bei 5 Scheiben bzw. Brötchen am Tag benötigt man 1826 pro Jahr und damit ca. 81 m^2 Weizenfeld.

2.2 Von der direkt proportionalen zur linearen Funktion

Seite 34 | Einstieg

Zeichnung zu a) und b)

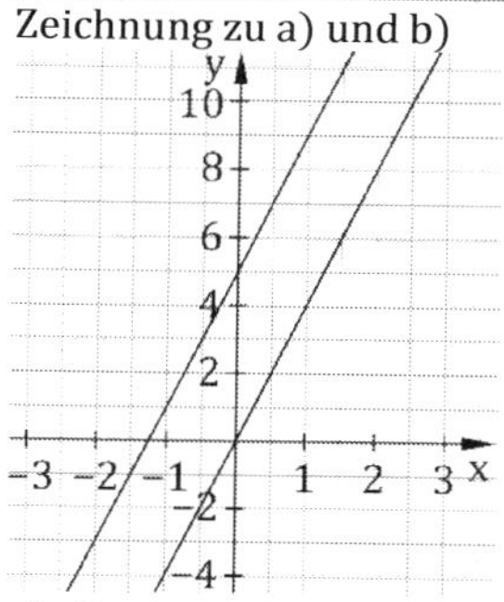

a) f: $y = 4x$

b) g: $y = 4x + 5$

c) Die Graphen f und g besitzen dieselbe Steigung und sind daher parallel zueinander. f ist eine Ursprungsgerade, wohingegen g nicht durch den Ursprung verläuft, sondern die y-Achse bei $y = 5$ schneidet.

Seite 36 | Aufgabe 1

a) $f(x) = 5x$; $g(x) = 5x + 1$; $h(x) = 5x - 1$

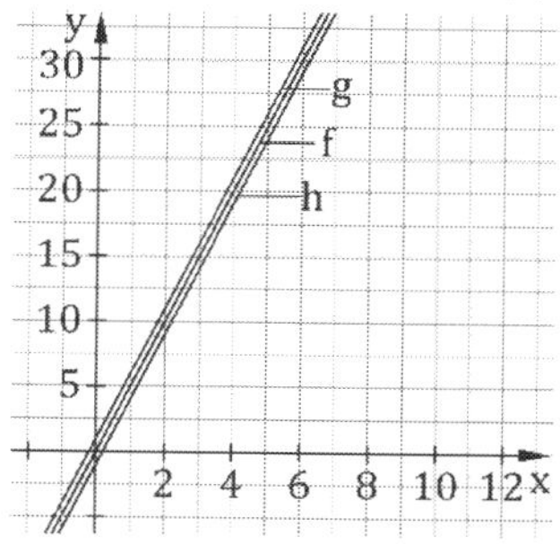

b) $f(x) = -x$; $g(x) = -x + 1$; $h(x) = -x - 1$

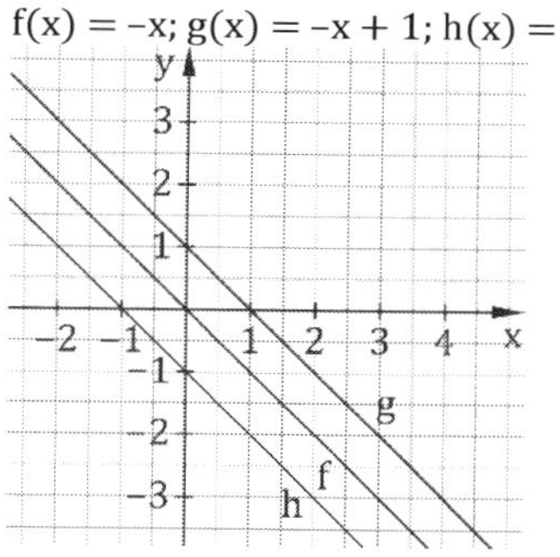

c) $f(x) = 1{,}5x, g(x) = 1{,}5x + 1$; $h(x) = 1{,}5x - 1$

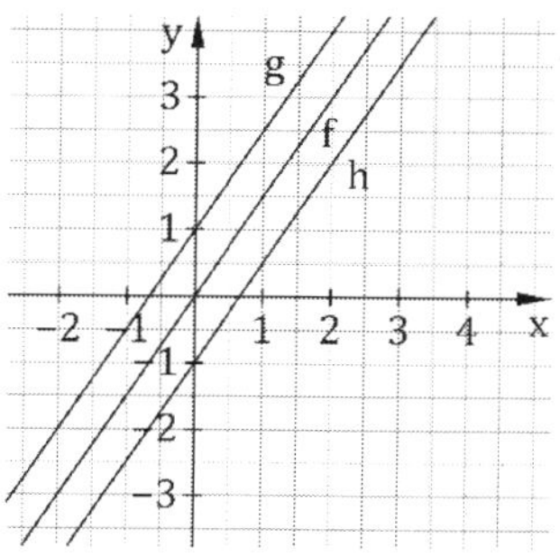

d) $f(x) = -\frac{1}{4}x$; $f(x) = -\frac{1}{4}x + 1$; $f(x) = -\frac{1}{4}x - 1$

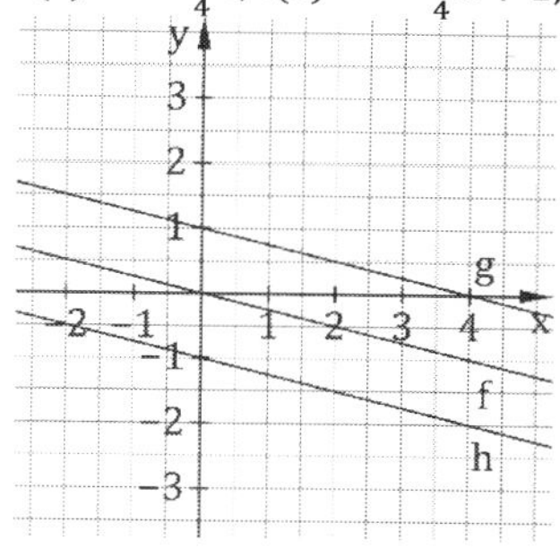

e) $f(x) = 12x$; $g(x) = 12x + 1$; $h(x) = 12x - 1$

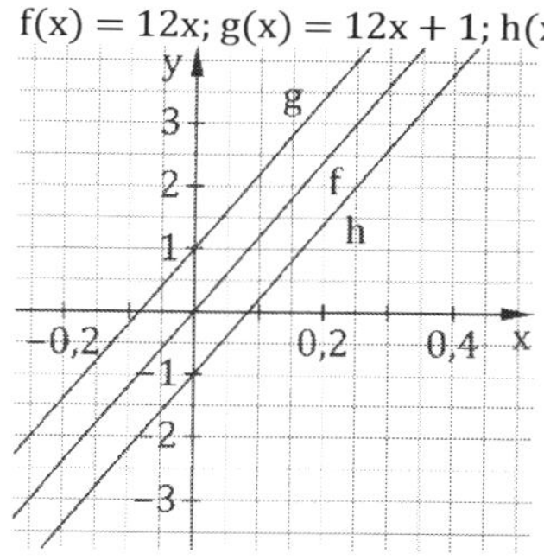

f) $f(x) = -\frac{3}{5}x$; $f(x) = -\frac{3}{5}x + 1$; $f(x) = -\frac{3}{5}x - 1$

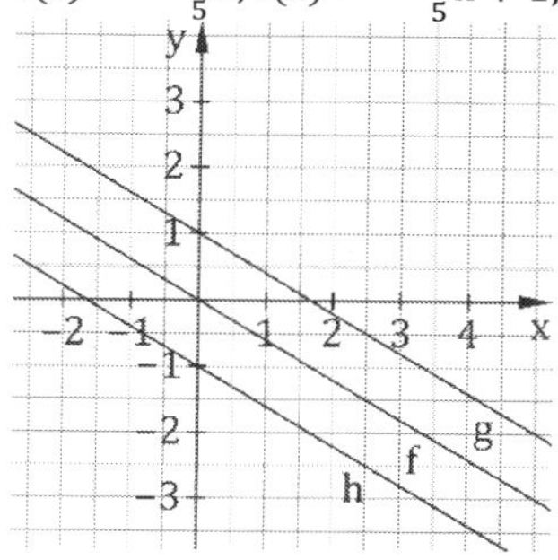

Seite 37 | Aufgabe 2

a) $y = 43x + 1575{,}3$; x: Zeit in Wochen, y: Stand des Kilometerzählers nach x Wochen in km

b) $y = 0{,}24x + 130$; x: Verbrauch in Kilowattstunden, y: Strompreis für ein Jahr in Euro

c) $y = 2000 - 14x$; x: verbaute Gipskartonplatten, y: Anzahl der Schrauben, die nach x verbauten Platten noch vorhanden sind

d) $y = 12 - 0{,}7x$; x: Kochzeit in 5-Minuten-Intervallen, y: Wasserhöhe in cm

e) zu a): Steigung: Kilometer pro Woche, y-Achsenabschnitt: Zählerstand bei Kauf des Mofas
zu b): Steigung: Preis pro Kilowattstunde, y-Achsenabschnitt: Grundgebühr
zu c): Steigung: Kilometer pro Woche, y-Achsenabschnitt: Zählerstand bei Kauf des Mofas
zu d): Steigung: Änderung der Schraubenzahl pro verbauter Platte, y-Achsenabschnitt: vorhandene Schrauben zu Beginn

f) Beispielsweise: In einem Becken steht das Wasser 15,70 m hoch, der Wasserspiegel steigt pro Minute um 12 cm

Seite 37 | Aufgabe 3

a) Alle drei Graphen schneiden die y-Achse im Punkt (0|1). Sie haben jedoch unterschiedliche Steigungen:
f: $m = 2$; g: $m = 1$; h: $m = -2$.

b) Alle drei Graphen haben mit $m = 2$ dieselbe Steigung, sie sind also parallel zueinander und gegeneinander verschoben. Die Funktion g ist eine Ursprungsgerade, wohingegen die Funktion f die y-Achse im Punkt (0|1) und die Funktion h die y-Achse im Punkt (0|−3) schneiden.

Seite 37 | Aufgabe 4

	x	−2	−1	0	1	2
a)	$y = 0{,}5x + 2$	1	1,5	2	2,5	3
b)	$y = -\frac{5}{3}x - 1$	$2\frac{1}{3}$	$\frac{2}{3}$	−1	$-2\frac{2}{3}$	$4\frac{1}{3}$
c)	$y = 0{,}4x - 2$	−2,8	−2,4	−2	−1,6	−1,2

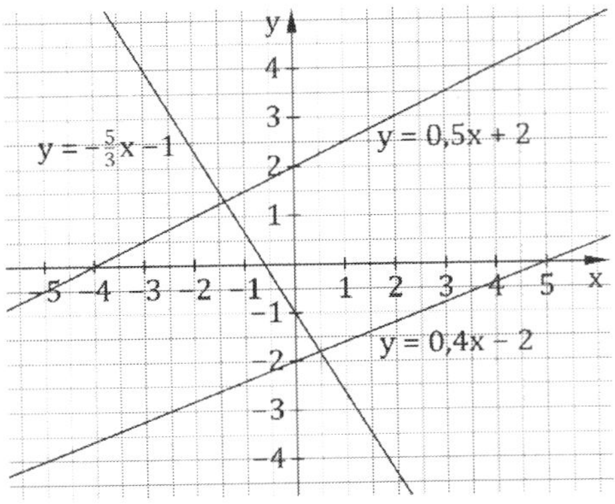

Seite 37 | Aufgabe 5

a) $y = 3x + 2$; lineare Funktion
b) $y = 2x - 7$; lineare Funktion
c) $y = 5x$; lineare Funktion
d) $y = -0{,}5$; lineare Funktion
e) $y = -x$; lineare Funktion
f) $y = x^2 - 3$; keine lineare Funktion

Seite 37 | Aufgabe 6

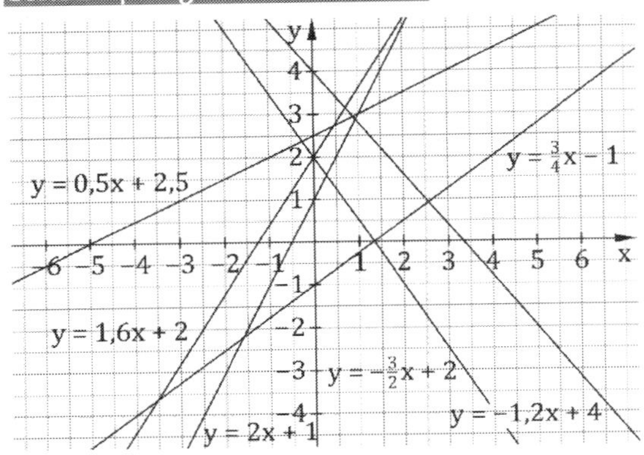

Seite 37 | Aufgabe 7

Die Funktion hat den y-Achsenabschnitt 4. Ihr Graph verläuft durch den Punkt S(0|4) auf der y-Achse.
$-\frac{3}{5}$ ist die Steigung der Funktion.
Der Nenner 5 gibt die Änderung um 5 in x-Richtung an, der Zähler −3 die Änderung um −3 in y-Richtung.
Das Vorzeichen der Steigung ist negativ, d.h. der Graph fällt.

Seite 38 | Aufgabe 8

G_f: $f(x) = 2x - 1$
G_g: $g(x) = -\frac{1}{5}x$
G_h: $h(x) = -2x - 2$
G_k: $k(x) = 0{,}5x + 2$

Seite 38 | Aufgabe 9

Alle drei zeichnen mit ihrer Methode den richtigen Graphen der angegeben linearen Funktion. Sie verwenden unterschiedliche Steigungsdreiecke, die aber alle auf den richtigen Graphen führen.

Seite 38 | Aufgabe 10

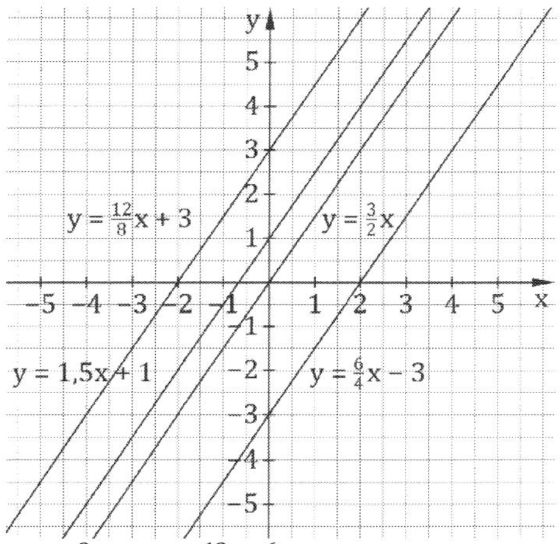

Es ist $\frac{3}{2} = 1,5 = \frac{12}{8} = \frac{6}{4}$. Die Graphen haben also alle die gleiche Steigung und sind deswegen parallel zueinander.

Seite 38 | Aufgabe 11

a) steigt, Schnittpunkt mit der y-Achse unterhalb der x-Achse.
b) fällt, Schnittpunkt mit der y-Achse oberhalb der x-Achse.
c) steigt, Schnittpunkt mit der y-Achse oberhalb der x-Achse.
d) steigt, Schnittpunkt mit der y-Achse oberhalb der x-Achse.
e) fällt, Schnittpunkt mit der y-Achse oberhalb der x-Achse.
f) steigt, Schnittpunkt mit der y-Achse unterhalb der x-Achse.

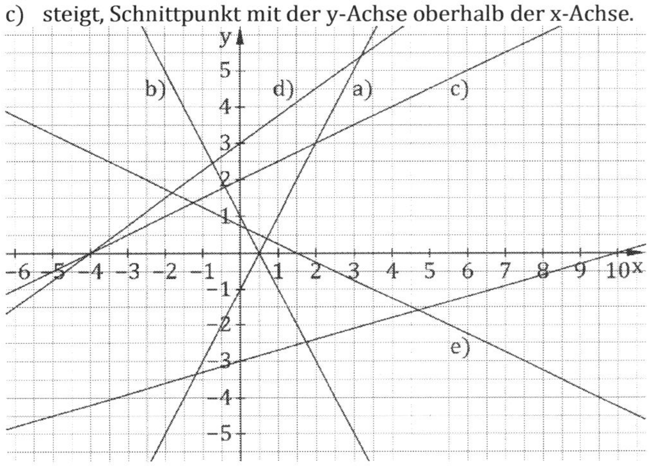

Seite 38 | Aufgabe 12

a)

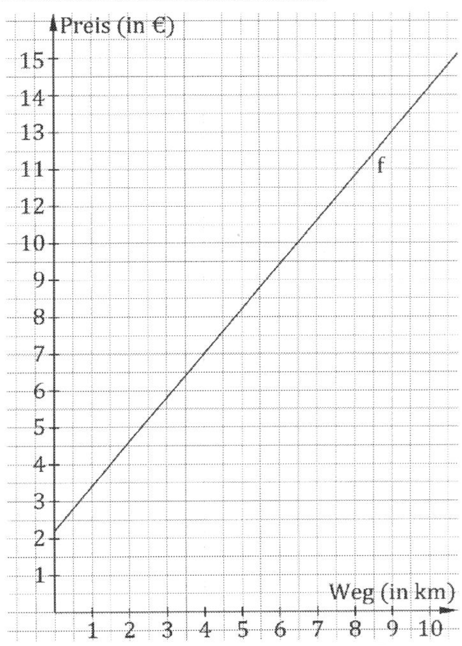

$y = 1,2x + 2,2$; x in Kilometern, y in Euro

b) Für 10 € kann man 6,5 Kilometer fahren, Überprüfung: $10 = 1,2 \cdot 6,5 + 2,2$

c) Stellt man dies als Graph dar, so erhält man einen treppenförmigen Graphen, dessen y-Werte in Stufen größer werden.

Seite 39 | Aufgabe 13

Zeichnungen:

a)

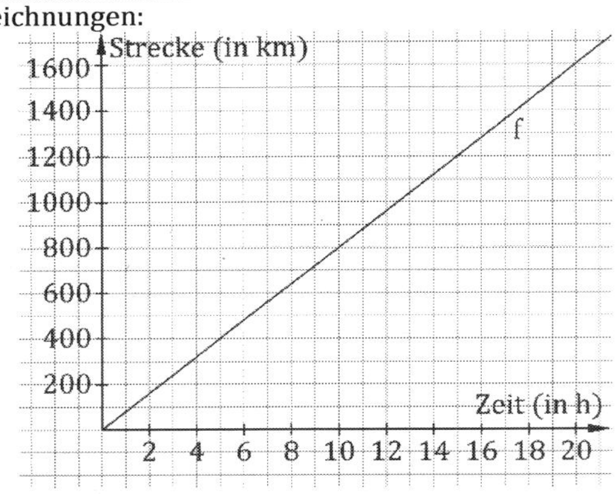

c)

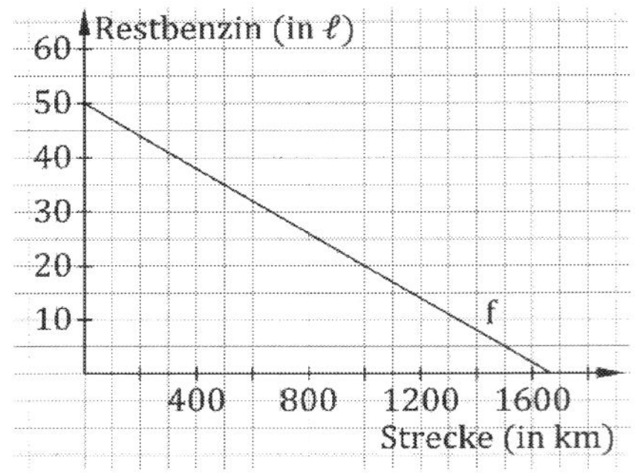

b)

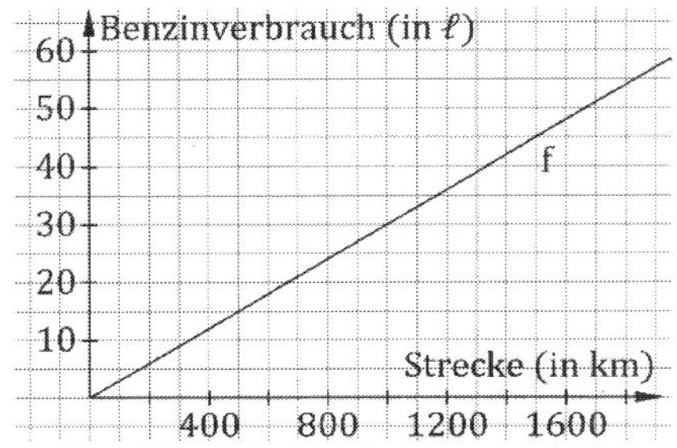

d) zu a): $s(t) = 80t$; t in Stunden nach Fahrtbeginn, s(t) in Kilometern, Definitionsmenge: [0; 1666,67)
Einheiten: t in Stunden (h), 80 (Proportionalitätskonstante) in $\frac{km}{h}$, damit s in $h \cdot \frac{km}{h}$, also h.
zu b): $b(s) = 0{,}03s$; s in Kilometern nach Fahrtbeginn, b(s) in Litern, Definitionsmenge: [0; 1666,67]
Einheiten: s in km, 0,03 (Proportionalitätskonstante) in $\frac{Liter}{km}$, damit b in $km \cdot \frac{Liter}{hkm}$, also Liter.
zu c): $r(s) = 50 - 0{,}03s$; s in Kilometern nach Fahrtbeginn, r(s) in Litern, Definitionsmenge: [0; 2000]
Einheiten: s in km (h), 50 in Litern, 0,03 (Proportionalitätskonstante) in $\frac{Liter}{km}$, damit r in $km \cdot \frac{Liter}{km}$, also Liter.

Seite 39 | Aufgabe 14

a) $f(t) = 5000 - 250t$; t in Minuten nach Beginn, f(t) in Litern

b)

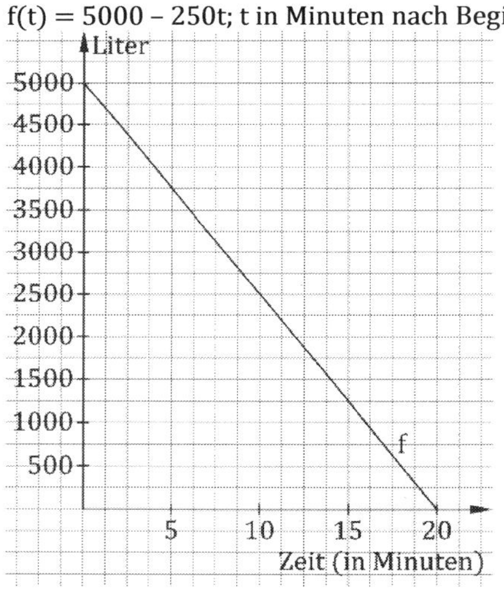

c) $250t = 3800$ gilt für $t = 15{,}2$. Nach 15,2 Minuten wurden 3800 Liter in den Haustank gepumpt.

Seite 39 | Aufgabe 15

a) Wenn die x-Werte um 2 zunehmen, nimmt f(x) um 4 zu. $f(x) = 2x + 2$
b) Wenn die x-Werte um 2 zunehmen, nimmt g(x) um 3 ab. $g(x) = -1{,}5x + 1{,}5$
c) Wenn die x-Werte um 2 zunehmen, nimmt h(x) um 6 zu. $h(x) = 3x - 2$
d) Wenn die x-Werte um 1 zunehmen, nimmt der y-Wert um 1,5 ab. $k(x) = -1{,}5x + 1{,}4$

Seite 39 | Aufgabe 16

G_f: Das Steigungsdreieck ergibt die Steigung $m = -1$, der Graph schneidet die y-Achse bei (0|−1,5), also Funktion ⑦.

G_g: Das Steigungsdreieck ergibt die Steigung $m = \frac{1}{1{,}5} = \frac{2}{3}$, der Graph schneidet die y-Achse bei (0|3), also Funktion ②.

G_h: Das Steigungsdreieck ergibt die Steigung $m = \frac{-3}{1} = -3$, der Graph schneidet die y-Achse bei (0|3), also ④

Seite 39 | Aufgabe 17

a) 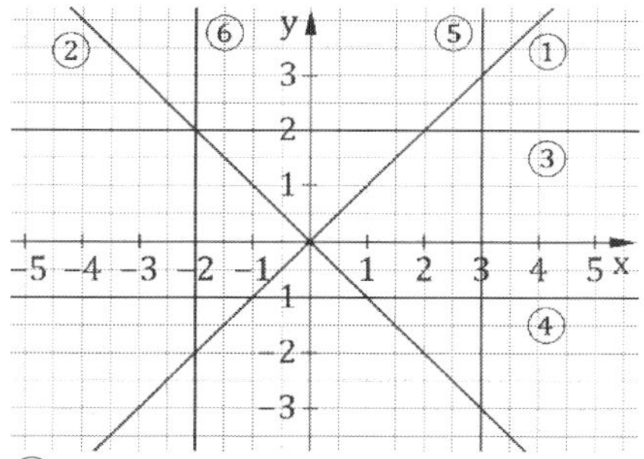

① 1. Winkelhalbierende ② 2. Winkelhalbierende ③ parallel zu x-Achse, 2 LE oberhalb
④ parallel zur x-Achse, 1 LE unterhalb ⑤ parallel zu y-Achse, 3 LE rechts ⑥ parallel zur y-Achse, 2 LE links

b) ⑤ und ⑥ sind keine Funktionsgraphen, da es hier mehrere y-Werte zu einem x-Wert gibt.

c) ② $y = -1 \cdot x + 0$ ③ $y = 0 \cdot x + 2$ ④ $y = 0 \cdot x - 1$

d) Verläuft die Gerade nicht parallel zur y-Achse, so schneidet sie die y-Achse in einem Punkt. Außerdem besitzt sie dann eine Steigung, die ggf. 0 sein kann (bei Parallelen zur x-Achse).Damit handelt es sich auch um eine lineare Funktion.

Methode: Schieberegler und Spurmodus

Seite 41 | Aufgabe 1

a) Alle so erzeugten Geraden haben den Punkt (0|1) gemeinsam. Ändert man den Schieberegler m, so ändert sich die Steigung der Geraden. Für m = 0 ergibt sich die Steigung null und die zur x-Achse parallele Gerade y = 1. Für m = –0,5 ergibt sich eine abfallende Gerade, die im Punkt (2|0) die x-Achse schneidet. Für m = –2 fällt die Gerade noch stärker ab und schneidet die x-Achse im Punkt (0,5|0).

b) Die so erzeugten Geraden haben alle dieselbe Steigung m = 0,5. Je nach t-Wert sind sie nach oben oder unten verschoben und schneiden die x- bzw. y-Achse in verschiedenen Punkten.

Seite 41 | Aufgabe 2

a) Durch die Veränderung von m entsteht ein Strahl, der in der Nähe der y-Achse eine Lücke aufweist, da die Werte von m nur von –5 bis 5 reichen.

b) Es entsteht eine markierte Fläche, die verschiedenen Graphen der resultierenden Geradengleichungen. Die Fläche ist rautenförmig und auf Höhe der y-Achse begrenzt durch y = –5 und y =5.

Seite 41 | Aufgabe 3

Die Kreise schneiden sich immer auf Höhe desselben x-Wertes (x = 4,5), somit entsteht eine senkrechte (zur y-Achse parallele) Gerade. Auf dieser Geraden liegen alle Punkte, die zu den Punkte A und B denselben Abstand haben.

Seite 42 | Aufgabe 18

a) 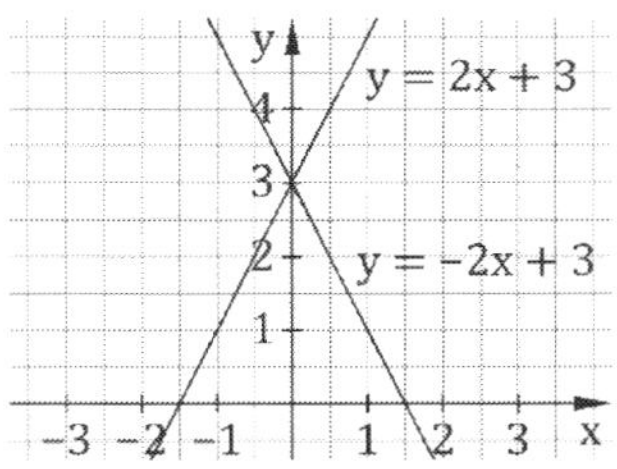

b) 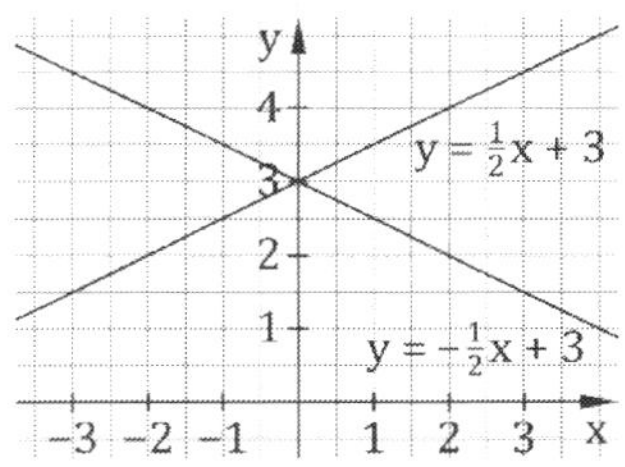

c) 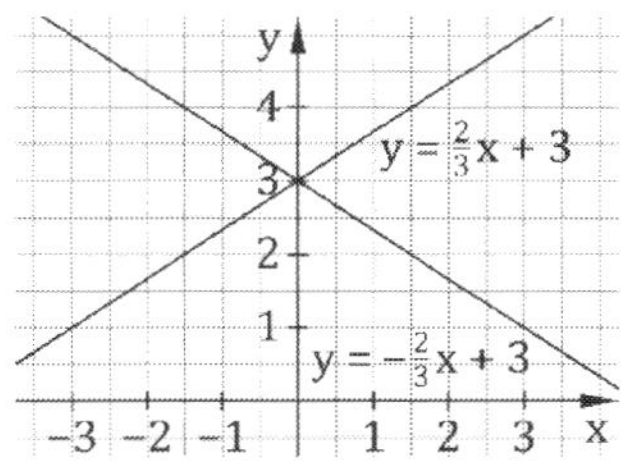

Die Graphen der Funktionen sind jeweils zueinander an der y-Achse gespiegelt. Spiegelt man die Funktion f an der y-Achse, erhält man jeweils die Funktion g.

Seite 42 | Aufgabe 19

a) Nimmt die Temperatur in Celsius gemessen um 10°C zu, dann nimmt die Temperatur in Fahrenheit um 18 zu. Es besteht also ein linearer Zusammenhang, und es lässt sich damit eine lineare Funktion ableiten.

b) $y = 1{,}8x + 32$; x in °C, y in °F

c) $100 = 1{,}8x + 32$ gilt für $x = 37{,}78$. 100°F entsprechen 37,78°C.

d) individuelle Lösungen

Seite 42 | Aufgabe 20

a) Das Bild verleitet zu der Prognose, dass die Siegerzeiten immer weiter abnehmen, und dass irgendwann die Zeiten der Frauen die der Männer unterschreiten.

b) Frauen: Man liest die Punkte $P_1(2012|10{,}5)$ und $P_2(2076|9{,}5)$ ab.
Daraus folgt die Gleichung $y = -\frac{1}{64}x + 41{,}9375$, x: Jahreszahl; y: Siegerzeit in Sekunden
$y = 0$ für $x = 2684$. Folglich würden die Frauen die 100 Meter im Jahre 2694 in 0 Sekunden laufen.
Männer: Man liest die Punkte $P_1(2028|9{,}5)$ und $P_2(2076|9)$ ab.
Daraus folgt die Gleichung $y = -\frac{1}{96}x + 30{,}625$; x: Jahreszahl; y: Siegerzeit in Sekunden
$y = 0$ für $x = 2940$. Folglich würden die Männer die 100 Meter im Jahre 2940 in 0 Sekunden laufen.

Seite 42 | Aufgabe 21

a) Quadrat: Seitenlänge 13 Kästchen, also 6,5 cm; A = 42,25 cm²
Rechteck: Seitenlängen 8 Kästchen und 21 Kästchen, also 4 cm und 10,5 cm; A = 42 cm²
Die Flächeninhalte sind unterschiedlich groß.

b) braunes Trapez: $m = \frac{3}{8} = 0{,}375$
gelbes Dreieck: $m = \frac{5}{13} \approx 0{,}3846$
blaues Dreieck: $m = \frac{5}{13} \approx 0{,}3846$
grünes Trapez: $m = \frac{3}{8} = 0{,}375$
Die Steigungen der Teilfiguren sind nicht identisch.
Die Steigungen unterscheiden sich nicht sehr, sodass der Eindruck entsteht, dass die Teilfiguren sich zu einem flächengleichen Rechteck zusammenlegen lassen. Da sie aber nicht identisch sind, haben die Figuren nicht den gleichen Flächeninhalt.

2.3 Geraden und ihre Gleichungen

Seite 43 | Einstieg

Aus zwei Punkten kann man die Steigung m bestimmen: $m = \frac{7-5}{1-0} = 2$.
Danach setzt man einen Punkt in die Gleichung $y = 2x + t$ ein, z. B. (0|5). Damit erhält man $t = 5$ und so die Funktionsgleichung: $y = 2x + 5$.

Seite 47 | Aufgabe 1

a) $y = x + 2$
b) $y = 2x + 2$
c) $y = \frac{4}{3}x + 2$
d) $y = 0$
e) $x = 1$
f) $y = 2{,}5x - 6{,}5$

Seite 47 | Aufgabe 2

Jonas hat die Steigung falsch bestimmt, er hat Δx durch Δy geteilt und nicht umgekehrt. Richtig ist:
$m = \frac{-6-(-7)}{2{,}5-3} = -2$
$y = -2x + t$
$-7 = -2 \cdot 3 + t$
$t = -1$
Geradengleichung: $y = -2x - 1$

Seite 47 | Aufgabe 3

Die Steigung kann nur dann mithilfe von zwei Punkten bestimmt werden, wenn die Gerade nicht parallel zur y-Achse ist. Das ist hier der Fall. Mit der Formel für m – so wie sie Jana verwendet hat – ergibt sich ein Term, in dem im Nenner 0 steht. Der Term kann also nicht verwendet werden. Die Gerade ist parallel zur y-Achse und ihre Gleichung lautet $x = 3$. Es handelt sich nicht um eine Funktion.

Seite 47 | Aufgabe 4

a) $y = -1{,}5x + 9{,}5$
b) $y = 3x - 7$
c) $y = x - 2$
d) $y = -x + 3$
e) $y = -0{,}5x + 7$
f) $y = 7$

Seite 47 | Aufgabe 5

Pro Minute werden 15 Liter Wasser eingefüllt, sodass gilt:
$y = 15x$; x in Minuten nach Füllbeginn, y in Litern

Seite 48 | Aufgabe 6

a) $7 = 2 \cdot 2 + 3 \Rightarrow$ Der Punkt P liegt auf der Geraden.
b) $2 \cdot (-4) + 3 = -5;\ -5 < -1$ ⇒ Der Punkt Q liegt oberhalb der Geraden.
c) $-0{,}5 \cdot 1 + 4 = 3{,}5;\ 3{,}5 > 0$ ⇒ Der Punkt A liegt unterhalb der Geraden.
$3{,}5 = 3{,}5$ ⇒ Der Punkt B liegt auf der Geraden.
$4 < 5$ ⇒ Der Punkt C liegt oberhalb der Geraden.
$-0{,}5 \cdot 2 + 4 = 3;\ 3 < 5$ ⇒ Der Punkt D liegt oberhalb der Geraden.
$-0{,}5 \cdot (-10) + 4 = 9;\ 9 > 6$ ⇒ Der Punkt E liegt unterhalb der Geraden.

Seite 48 | Aufgabe 7

a)

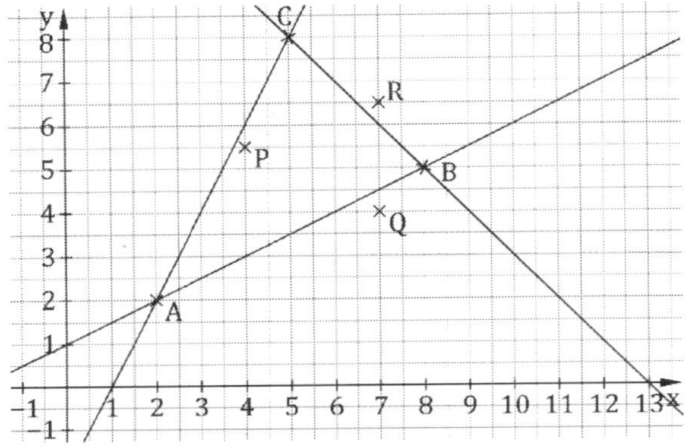

Ein Punkt liegt innerhalb des Dreiecks, wenn er gleichzeitig unterhalb der Geraden AC, unterhalb der Geraden BC und oberhalb der Geraden AB liegt.

b) AB: $y = 0{,}5x + 1$ AC: $y = 2x - 2$ BC: $y = -x + 13$
Der Punkt P liegt innerhalb des Dreiecks, die Punkte Q und R außerhalb. Zeichnung: siehe a).

Seite 48 | Aufgabe 8

a) $A(4|9{,}5)$, $B(-3|-4{,}5)$, $C\left(\frac{3}{7}\middle|\frac{33}{14}\right)$

b) oberhalb von g:
beim Punkt D muss die y-Koordinate > 3,5 sein, z. B. D(1|4), beim Punkt E muss die x-Koordinate < –1,75 sein, z. B. E(–2|–2)
unterhalb von g:
beim Punkt D muss die y-Koordinate < 3,5 sein, z. B. D(1|§), beim Punkt E muss die x-Koordinate > –1,75 sein, z. B. E(–1|–2)

Seite 48 | Aufgabe 9

	a)	b)	c)	d)	e)	f)	g)	h)	i)
Schnittpunkt mit der x-Achse	(–4|0)	(6|0)	(–3,7|0)	(–2,5|0)	(–3,5|0)	(8|0)	-	-	(–6|0)
Schnittpunkt mit der y-Achse	(0|4)	(0|–6)	(0|3,7)	(0|5)	(0|7)	(0|32)	(0|–1,32)	(0|3)	(0|–9)

Seite 48 | Aufgabe 10

a) P(2|5) b) P(–1|1) c) P(4|–3)

Seite 48 | Aufgabe 11

a) Die beiden Geraden haben dieselbe Steigung und verlaufen deswegen parallel zueinander.

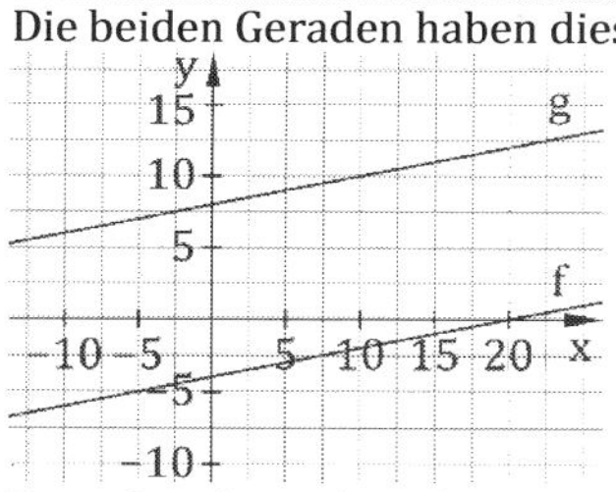

b) Zwei Geraden schneiden sich, wenn sie unterschiedliche Steigungen haben.
Zwei Geraden verlaufen parallel, wenn sie die gleiche Steigung, aber unterschiedliche y-Achsenabschnitte haben.
Zwei Geraden sind identisch, wenn sie die gleiche Steigung und den gleichen y-Achsenabschnitt haben.

Seite 48 | Aufgabe 12

a) Nach 4 Minuten befinden sich 1500 Liter Öl im Tank, nach 24 Minuten sind es 4500 Liter.
Daraus ergibt sich: $y = 150x + 900$; x in Minuten nach Füllbeginn, y in Litern

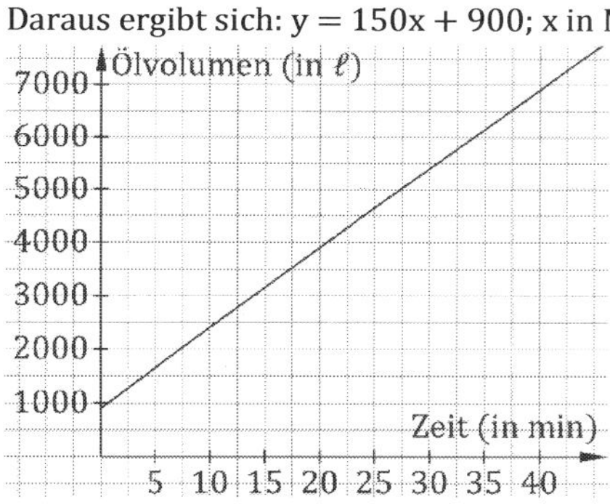

b) Zu Beginn des Füllvorgangs befanden sich 900 Liter im Tank.
Nach 34 Minuten ist der Tank vollständig gefüllt.

Seite 49 | Aufgabe 13

$y = 16 - 1{,}2x$; x in Stunden nach Beginn, y in cm

$0 = 16 - 1{,}2x$ für $x = 13\frac{1}{3}$ ⇔ Nach 13 Stunden und 20 Minuten ist die Kerze komplett heruntergebrannt.

Seite 49 | Aufgabe 14

a) $y = 3x + 1$ c) $y = -\frac{2}{7}x - 11\frac{1}{7}$ e) $y = -7x - 11{,}2$
b) $y = -3{,}5x - 14{,}5$ d) $y = 5{,}5x + 7{,}5$ f) nicht möglich

Seite 49 | Aufgabe 13

a) Die Begründung ist nicht richtig. Dass die Steigungen der Geraden AB und CD gleich sind, bedeutet nur, dass sie parallel zueinander sind, sie müssen nicht identisch sein. Die Geraden sind auch nicht identisch und die Punkte liegen nicht auf einer Geraden. Das sieht man auch daran, dass $m_{BC} = 1\frac{2}{13} \neq 1$ ist.

b) Die Begründung ist richtig.

c) Dies ist falsch, die Gerade mit der Gleichung $x = 2$ schneidet die x-Achse bei $x = 2$. Sie schneidet die y-Achse nicht.

d) Dies ist nicht richtig, die beiden Geraden können auch identisch sein.

Seite 49 | Aufgabe 16

a) Die Funktion beschreibt einen gleichmäßigen Rückgang der Wassermenge in der Badewanne. Das ist in der Praxis nicht der Fall: Je weniger Wasser in der Badewanne ist, umso langsamer läuft das Wasser ab. Deswegen ist die Funktion nur eine Annäherung an den tatsächlichen Ablauf.
b) Schnittpunkt mit der y-Achse: P(0|108). Zu Beginn befinden sich 108 Liter Wasser in der Badewanne.
Schnittpunkt mit der x-Achse: Q(6|0). Nach 6 Minuten ist das gesamte Wasser aus der Badewanne abgelassen worden.
c) $D_f = [0;6]$

Seite 49 | Aufgabe 17

a) f: $y = -\frac{1}{7}x + \frac{5}{7}$ g: $y = 7x + 15$

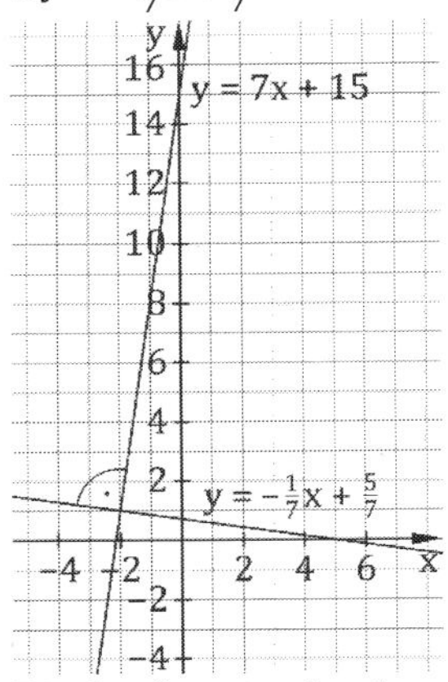

b) Die Graphen von f und g schneiden sich unter einem Winkel von 90°.
c) Zwei Gerade stehen senkrecht aufeinander, wenn für ihre Steigungen gilt: $m_1 \cdot m_2 = -1$.

Seite 50 | Aufgabe 18

$0 = mx_0 + t \quad | -t$
$-t = mx_0 \quad | :m$
$-\frac{t}{m} = x_0$
Celines Behauptung ist korrekt.

Seite 50 | Aufgabe 19

Zeichnung zu a) und c)

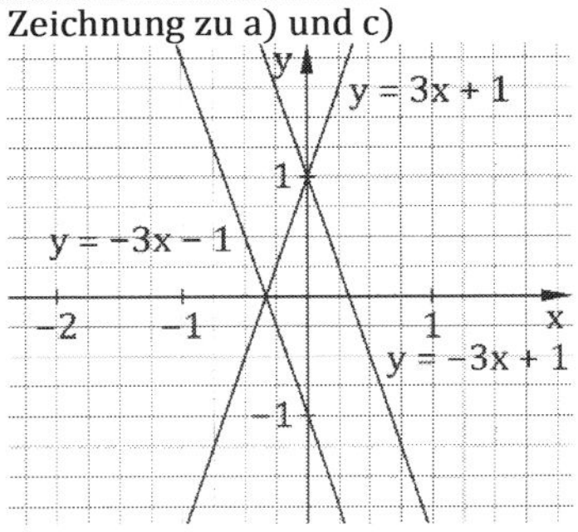

a) Gleichung der an der y-Achse gespiegelten Geraden: $y = -3x + 1$
b) individuelle Lösungen
Allgemein gilt:
Wird die Funktion $f(x) = mx + t$ an der y-Achse gespiegelt, so ist die Funktionsgleichung $g(x) = -mx + t$.
c) Gleichung der an der x-Achse gespiegelten Geraden: $y = -3x - 1$
Allgemein gilt:
Wird die Funktion $f(x) = mx + t$ an der x-Achse gespiegelt, so ist die Funktionsgleichung $g(x) = -mx - t$.

Seite 50 | Aufgabe 20

a) h: $y = -\frac{3}{5}x + 4{,}1$
b) individuelle Lösungen für die Beispiele
Zwei Geraden g (Steigung = m_g) und h (Steigung m_h) verlaufen orthogonal, wenn gilt: $m_h = -\frac{1}{m_g}$.

Seite 50 | Aufgabe 21

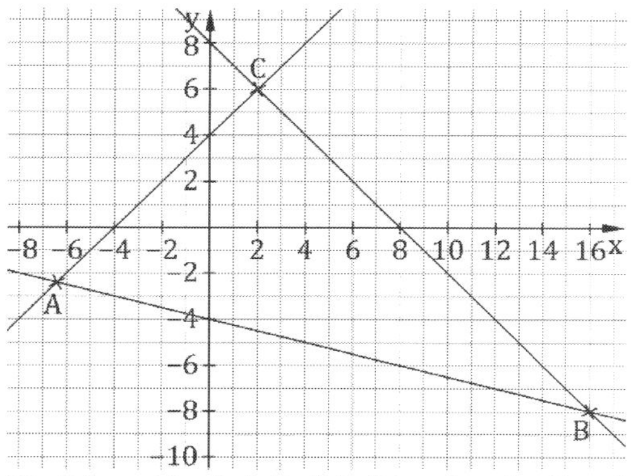

Die Eckpunkte sind die Schnittpunkte der Geraden: A(−6,4|−2,4), B(16|−8), C(2|6)
Die Steigungen der ersten Geraden ($m_1 = 1$) und der zweiten Geraden ($m_2 = -1$) erfüllen die Gleichung: $m_1 \cdot m_2 = -1$.
Das Dreieck hat also einen rechten Winkel bei C. Flächeninhalt $A = \frac{1}{2} \cdot \overline{AC} \cdot \overline{BC}$, mit $\overline{AC} = 11{,}9$ LE und $\overline{BC} = 19{,}8$ LE:
$A = 0{,}5 \cdot 19{,}8 \text{ LE} \cdot 11{,}9 \text{ LE} = 117{,}8 \text{ FE}$

Seite 50 | Aufgabe 22

Max: $y = 4x$; x in Sekunden, y in Metern; Moritz: $y = 2{,}5x + 60$; x in Sekunden, y in Metern
Schnittpunkt der Geraden: $4x = 2{,}5x + 60$ für $x = 40$, also S(40|160)
Max holt Moritz nach 40 Sekunden ein.

Seite 50 | Aufgabe 23

Zeichnerisch:

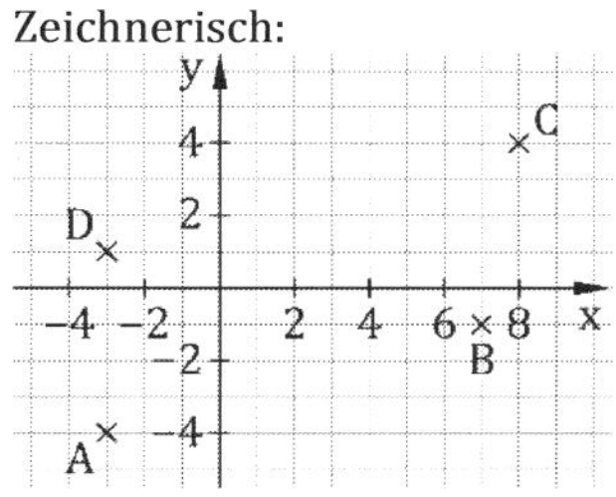

Rechnerisch: Um von B nach C zu gelangen, geht man einen Schritt nach rechts und fünf Schritte nach oben. Denselben Weg muss man also von A aus gehen, um zum Punkt D zu gelangen: D(−3|1).

Seite 50 | Aufgabe 24

a) Formt man die implizite Form in die Standardform um, so gilt: $y = -\frac{a}{b}x + \frac{c}{b}$
Um eine Funktion zu erhalten, muss also gelten: $b \neq 0$
b) Für $a = 0$, $b \neq 0$, ist die Gerade parallel zur x-Achse.
c) Die Steigung ist positiv, wenn a und b unterschiedliche Vorzeichne haben, also $a < 0$ und $b > 0$ oder $a > 0$ und $b < 0$.
d) Schnittpunkt mit der y-Achse: $P\left(0\middle|\frac{c}{b}\right)$; Schnittpunkt mit der x-Achse: $Q\left(\frac{c}{a}\middle|0\right)$

2.4 Lineare Ungleichungen

Seite 51 | Einstieg

a) Es werden gleich viele Avocado- wie Mango-Smoothies angeboten.
b) Es werden weniger Mango- als Avocado-Smoothies angeboten.
c) Es werden insgesamt weniger als 20 Smoothies angeboten.
d) Es werden mindestens zwei Avocado-Smoothies mehr als Mango-Smoothies angeboten.

Seite 53 | Aufgabe 1

a) Das Unternehmen verkauft mehr Hosen als T-Shirts.
b) Das Unternehmen verkauft mindestens so viele T-Shirts wie Hosen.
c) Fünfmal die Anzahl der verkauften Hosen ist mehr als die Anzahl der verkauften T-Shirts.
d) Das Unternehmen verkauft mehr als fünfmal so viele Hosen wie T-Shirts.
e) Das Unternehmen verkauft mindestens 5000 T-Shirts.
f) Ein Viertel der Anzahl der verkauften Shirts ist weniger als die Anzahl der verkauften Hosen.
g) Es werden mindestens sechsmal so viele Hosen wie T-Shirts verkauft.
h) Die zehnfache Anzahl der verkauften Hosen ist maximal so groß wie die Anzahl der verkauften T-Shirts plus 1000.

Seite 53 | Aufgabe 2

a) a: Avocados, m: Mangos	$a \geq m + 3$
b) w: Tank im Haus am Wald, t: Tank im Haus im Tal	$w > 3t$
c) m: Tore 1. FC Mauer, a: Tore SC Angriff	$m < \frac{1}{3}a$
d) t: Treffer, k: kein Treffer	$t > 4k$

Seite 53 | Aufgabe 3

a) $L =]-\infty; 2[$

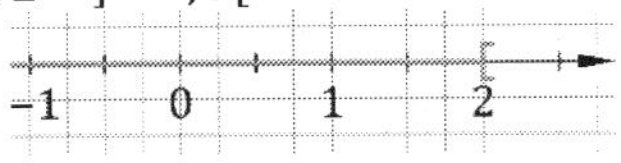

b) $L =]-\infty; 0{,}5[$

c) $L = [1; +\infty[$

d) $L =]-\infty; 0]$

Seite 53 | Aufgabe 4

a) f: $y = 0{,}5x + 100$ g: $y = 0{,}8x + 80$ x: Anzahl der Besucher, y: Einnahmen in Euro

b)

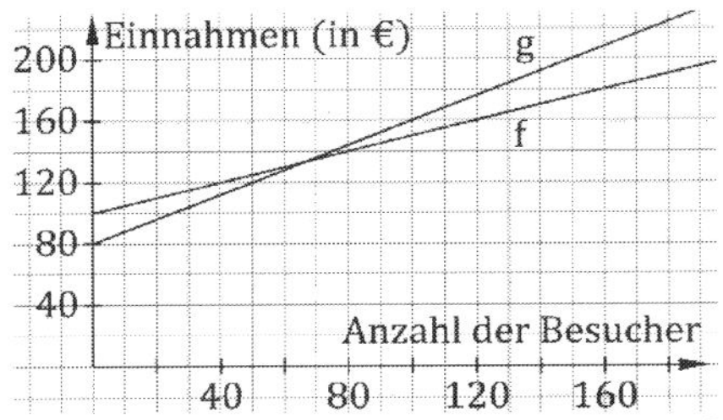

c) Der Musiker sollte bei 1000 Besuchern den Vertrag B wählen, denn dieser lohnt sich gegenüber Vertrag A schon ab 67 Besuchern.

Seite 54 | Aufgabe 5

Die Umformung ist ...
a) eine Äquivalenzumformung.
b) eine Äquivalenzumformung.
c) keine Äquivalenzumformung: $x > 1$: $L =]1; \infty[$; $-7x > -7$; $L =]-\infty; 1[$: Die Lösungsmeng hat sich geändert.
d) keine Äquivalenzumformung: Man erhält immer $0 > 0$, $0 < 0$ etc. und kann die Lösungsmenge nicht mehr bestimmen.
e) keine Äquivalenzumformung: $2x < x$: $L =]-\infty; 0[$; $2 < 1$; $L =][$: Die Lösungsmeng hat sich geändert.
f) keine Äquivalenzumformung: $x > 1$: $L =]1; \infty[$; $-x > -1$; $L =]-\infty; 1[$: Die Lösungsmeng hat sich geändert.

Seite 54 | Aufgabe 6

a) $L =]-\infty; -4[$
b) $L = [18; +\infty[$
c) $L = \left]-\infty; -\frac{1}{3}\right]$
d) $L =]-5; +\infty[$
e) $L =]-\infty; 11[$
f) $L = \mathbb{Q}$

Seite 54 | Aufgabe 7

a) Es wurde durch –6 geteilt. Dabei muss das Ungleichheitszeichen umgedreht werden: $x < -4$.
b) Es wurde durch –2 geteilt. Dabei muss das Ungleichheitszeichen umgedreht werden. Zudem ist $\frac{0}{-2} = 0$: $x < 0$.
c) Auch hier muss das Ungleichheitszeichen umgedreht werden, da durch –3 geteilt wird: $x \geq -5$.
d) Es wird durch 2 geteilt. Also ändert sich das Ungleichheitszeichen nicht, aber auch nicht das Vorzeichen: $-12 \geq x$.

Seite 54 | Aufgabe 8

$3{,}5 + x \leq 5{,}5$; x in Tonnen
$x \leq 2$
Es dürfen höchstens 2 t zugeladen werden, also 2000 kg. 2000 kg : 28,5 kg ≈ 70,175
Es dürfen höchstens 70 Kartons zugeladen werden.

Seite 54 | Aufgabe 9

$25x + 55 < 35x$; x: Anzahl der Übernachtungen
$55 < 10x$
$5{,}5 < x$
Man muss mindestens 6 Mal übernachten, damit sich der Jahresbeitrag lohnt.

Seite 54 | Aufgabe 10

a)

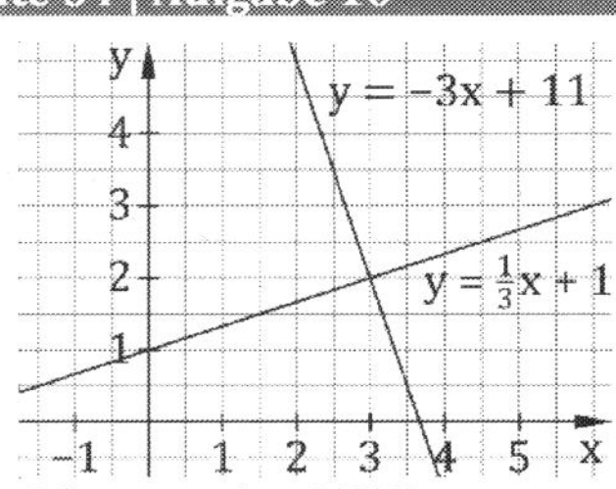

Schnittpunkt: S(3|2)

b) $L =]3; +\infty[$

c) $\frac{1}{3}x + 1 > -3x + 11$
$3\frac{1}{3}x > 10$
$x > 3$

d) Die Lösungsmenge bleibt gleich, wenn man den Term auf der linken Seite äquivalent umformt. So haben beispielsweise d e folgenden Ungleichungen dieselbe Lösungsmenge: $\frac{1}{3}(x + 3) > -3x + 11$ oder $\frac{1}{6}(2x + 6) > -3x + 11$.

Seite 55 | Aufgabe 11

a) T: $6x + 14 \leq 35$, gilt für $x \leq 3{,}5$
b) T: $6x + 5x = 11x \leq 33$, gilt für $x \leq 3$
c) T: $x \leq 3$
d) $6x + 14 = 17 + 3x$, gilt für $x = 1$
e) $11x = 2{,}25x + 10{,}5$, gilt für $x = 1{,}2$

F: $17 + 3x \leq 35$, gilt für $x \leq 6$
F: $1{,}5x + 10{,}5 + 0{,}75x = 10{,}5 + 2{,}25x \leq 33$, gilt für $x \leq 10$
F: $x \leq 6$

Seite 55 | Aufgabe 12

a) Die Gleichungen der blauen Graphen sind: $f(x) = x + 5$; $g(x) = -2x - 1$
b) Die grün dargestellt Lösungsmenge erhält man, wenn die beiden Ungleichungen g: $y < -2x - 1$ und f: $y < x + 5$ erfüllt sind.
Das gilt für $x < -2$; $L =]-\infty; -2[$
c) $x \leq -2$: $x = -2$ gehört jetzt zur Lösungsmenge; $L =]-\infty; -2]$
$x > -2$: Die Lösungsmenge erstreckt sich von -2 jetzt nach rechts entlang der x-Achse; $L =]-2; +\infty]$
$x \geq -2$: $x = -2$ gehört jetzt zur Lösungsmenge; $L = [-2; +\infty]$
d) $x < -2$; $x \leq -2$: $L = \{\}$
$x > -2$. $x \geq -2$: $L = \{0, 1, ,2 \ldots\}$

Seite 55 | Aufgabe 13

Basistarif: $y = 5 + 0{,}35x$; y: Kosten in €, x: Verbrauch in kWh
Extratarif: $y = 10 + 0{,}3x$; y: Kosten in €; x: Verbrauch in kWh

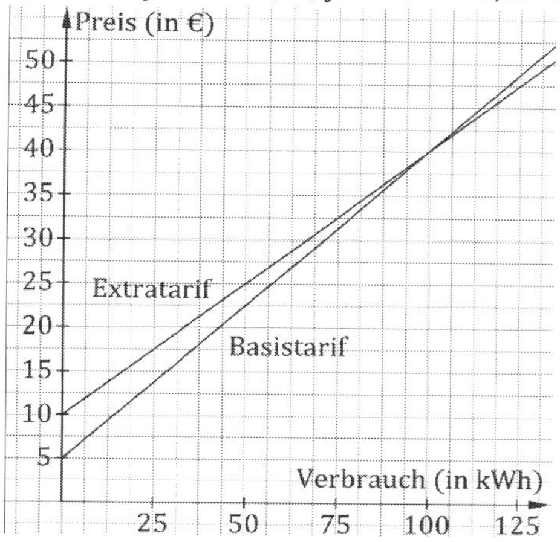

Schnittpunkt: S(100|40))
rechnerische Ermittlung: $5 + 0{,}35x > 10 + 0{,}3x$ gilt für $x > 100$
Der Extra-Tarif lohnt sich ab 100 Kilowattstunden im Monat.

Seite 55 | Aufgabe 14

$14 \cdot 4 = 56$: In 14 Tagen ist das Smartphone mindestens 56 h online,
Da der Akku zu Beginn geladen war, muss er so oft geladen werden, dass er $56 - 7 = 49$ Stunden hält.
$49 \geq 7x$, gilt für $x \geq 7$
Das Smartphone muss mindestens sieben Mal aufgeladen werden.

Seite 55 | Aufgabe 15

a) $3x - 5 < 3(x - 8) - 2(3 - 5x)$
$3x - 5 < 13x - 30$ | $-3x$; $+30$
$25 < 10x$ | $:10$
$2{,}5 < x$
$L =]-\infty; 2{,}5[$

b) $3(x - 2) - 7 \leq 5(1 - x) + 2x$
$3x - 13 \leq -3x + 5$ | $+3x$; $+13$
$6x \leq 18$ | $:6$
$x \leq 3$

c) $\frac{5}{4}x - 1 < \frac{4}{3}(x + 2) - \frac{5}{12}x$
$\frac{5}{4}x - 1 < \frac{11}{12}x + \frac{8}{3}$ | $-\frac{11}{12}x$; $+1$
$\frac{1}{3}x < \frac{11}{3}$ | $\cdot 3$
$x < 11$
$L =]-\infty; 11[$

d) $\frac{9}{4}\left(\frac{4}{9}x - 8\right) - \frac{5}{6}(12x - 6x) > \frac{5}{2}x$
$-4x - 18 > \frac{5}{2}x$ | $+ 4x$
$-18 > 6{,}5x$
$-\frac{36}{13} > x$
$L = \left]-\infty; -\frac{36}{13}\right[$

Seite 55 | Aufgabe 16

Beispiellösungen:

a)	$4{,}6 < 2x$	$x - 0{,}3 > 2$	$\frac{x}{2{,}3} > 1$
b)	$-6 > 2x$	$x + 8 < 5$	$-\frac{x}{6} < 0{,}5$
c)	$5x - 1 > -1$	$2x > 0$	$15 + 5x > 15$
d)	$3x < 11$	$6x + 15 < 37$	$x - \frac{2}{3} < 3$

Thema: Lineare Optimierung

Seite 57 | Aufgabe 1

x: Menge an „Red Cool"
y: Menge an „Sweet Orange"
Menge an Orangensaft: $0{,}3x + 0{,}6y \leq 150$
Menge an Kirschsaft: $0{,}7x + 0{,}4y \leq 120$
Gewinn: $G = 0{,}8x + 0{,}6y$; $y = -1\frac{1}{3}x + 1\frac{2}{3}G$

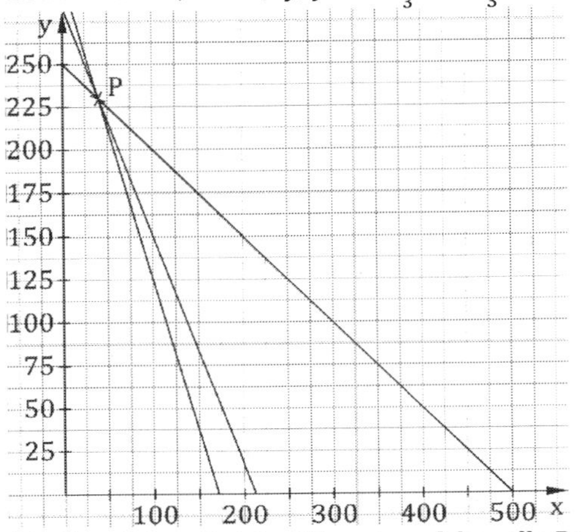

Die Gerade berührt das Viereck, welches alle Punkte, die die beiden Ungleichungen erfüllen, enthält, im Punkt (40|230).
Folglich ist der Gewinn für 40 verkaufte „Red Cool" und 230 verkaufte „Sweet Orange" mit 170 € maximal.

Seite 57 | Aufgabe 2

x: Fahrzeug K1
y: Fahrzeug K2: $y \leq 20$
$5x + 3y \leq 75$
Gewinn: $G = 50\,000x + 37\,500y$; $y = -1\frac{1}{3}x + \frac{1}{37\,500}G$

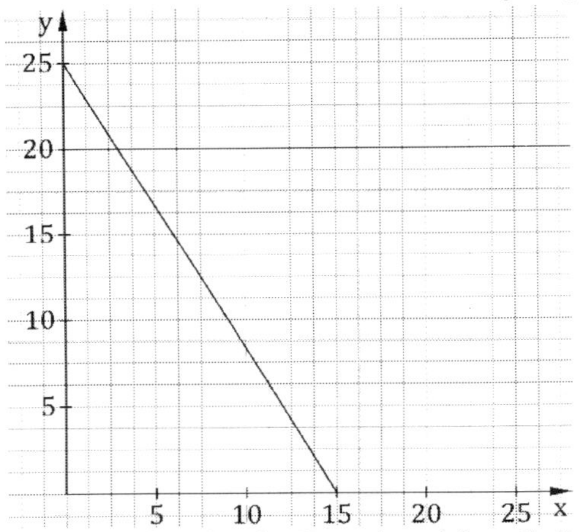

Die Gerade berührt das Viereck, welches alle Punkte, die die beiden Ungleichungen erfüllen, enthält, im Punkt (3|20).
Folglich ist der Gewinn für drei produzierte Fahrzeuge vom Typ 1 und 20 produzierte Fahrzeuge vom Typ 20 mit 900 000€ am größten.

Seite 58 | Aufgabe 17

a) $2x + 20 \geq -4$; gilt für $x \geq -12$
b) $4x + 5 > 35$; gilt für $x > 8$
c) $7x + 5 < 2 - 3x$; gilt für $x < -1$
d) $3 + 2x \leq 3x - 7$; gilt für $x \geq 10$
e) $4(x - 3) < 3(2x + 4)$; gilt für $x > -12$
f) $3(x - 2) \geq 30$; gilt für $x \geq 12$
g) $\frac{1}{3}(x + 16) \leq 0$; gilt für $x \leq -16$

Seite 58 | Aufgabe 18

Beispiellösungen:
a) Subtrahiert man 5 vom Dreifachen einer Zahl, so erhält man mehr als 7;$x > 4$
b) Addiert man 6 und das Vierfache einer Zahl, so erhält man höchstens –5, $x \leq -\frac{11}{4}$
c) Subtrahiert man das Dreifache einer Zahl von 4, so erhält man höchstens das Siebenfache der Zahl, $x \geq \frac{2}{5}$
d) Zieht man 3 von einer Zahl ab, verdoppelt das Ergebnis und zieht 4 ab, so erhält man weniger als wenn man vom Negativen der Zahl 1 abzieht, das Ergebnis mit 6 multipliziert und von 8 abzieht; $x > -6$

Seite 58 | Aufgabe 19

a)

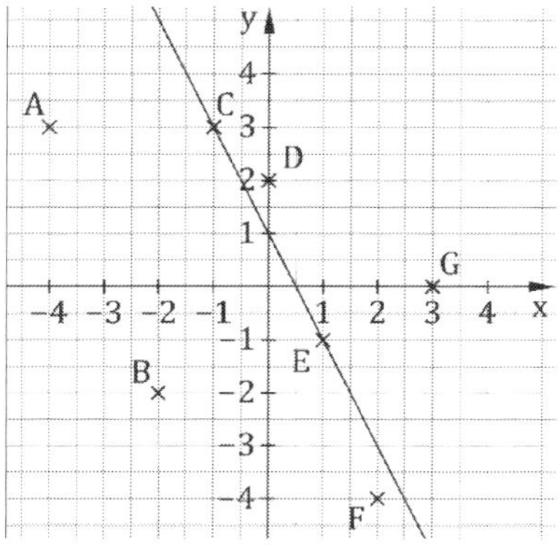

b)

Ungleichung	$y < -2x+1$	$y \leq -2x + 1$	$y = -2x + 1$	$y > -2x + 1$
Punkt	A ,B, F	A, B, C, E, F	C, E	D, G

Seite 58 | Aufgabe 20

a) $x = \{49\}$

b) $x = \{75; 85; 95\}$

c) $x = \{39; 48; 57\}$

Seite 58 | Aufgabe 21

a: Andreas Geldbetrag b: Birgits Geldbetrag c: Carlas Geldbetrag d: Davids Geldbetrag

1: $a + c = b + d$

2: $a + d > b + c$

3: $c > a$

4: $b + 4 = d$

5: $a + b + c + d = 12$

Lösung: $a = 2$; $c = 4$; $b = 1$; $d = 5$

3 Elementare gebrochen-rationale Funktionen

3.1 Indirekte Proportionalität

Seite 63 | Einstieg

Eine Tüte für alle: Es ist nicht klar, wer wie viele Gummibärchen bekommt, wahrscheinlich die Schnellsten am meisten.
Läufer und Helfer gleich: Die Läufer und Helfer bekommen je 10 Gummibärchen, die übrigen keine.
Alle Schüler: Jeder bekommt 6 oder 7 Gummibärchen, rechnerisch $6\frac{2}{3}$.
Nur die Läufer: Die Läufer bekommen rechnerisch je $5\frac{5}{9}$ Gummibärchen, also 15 oder 16, die übrigen keine.

Seite 66 | Aufgabe 1

a) Ja, es gilt $A = a \cdot b$ und damit $a = \frac{A}{b}$: Das Produkt der beiden Seiten ist konstant.
b) Ja, es gilt $V = G \cdot h$ und damit $G = \frac{V}{h}$: Das Produkt der beiden Größen ist konstant.
c) Ja, es gilt $A = \frac{g \cdot h}{2}$ und damit $g = \frac{2A}{h}$: Das Produkt aus Grundseite und Höhe ist konstant
d) Nein, hier ist nur die Summe immer identisch, nicht das Produkt.
e) Wenn man davon ausgeht, dass für einen Kilometer immer genau die gleiche Menge Benzin b verbraucht wird (b in Liter pro Kilometer), dann gilt Verbrauch = b · Strecke und damit Restmenge = Gesamtmenge – Verbrauch = $G - b \cdot s$.
Die beiden Größen haben also kein konstantes Produkt, außerdem ist die Annahme unrealistisch, dass der Verbrauch pro Kilometer immer konstant ist.
f) Nein, denn es gilt A_{gesamt} = Anzahl · A_{Kachel} = Anzahl · Kantenlänge², damit ist nicht das Produkt der Größen konstant, sondern das Produkt aus der einen Größe und dem Quadrat der anderen.
g) Nein, denn es gilt $\tan\alpha = \frac{h}{g}$ und damit (mit h = 1 m) $g \cdot \tan\alpha = 1$. Es ist also nicht das Produkt der Größen konstant.

Seite 66 | Aufgabe 2

a) 12 Personen · 21 Tage = 14 Personen · x ⇒ x = 18:Die Verpflegung reicht für 18 Tage.
b) 100 m · 0,2 mm = x · 0,15 mm ⇒ x = $133,\overline{3}$ m: Die Papierrolle ist $133,\overline{3}$ m lang.
c) 4000 Werkstücke = 4 Maschinen · 8 h = 6 Maschinen · x ⇒ x = $5,\overline{3}$ h: Sechs Maschinen benötigen $5,\overline{3}$ h, also 5 h 20 min.
4000 Werkstücke = 4 Maschinen · 8 h = x Maschinen · 1 h ⇒ x = 32: 32 Maschinen schaffen 4000 Werkstücke pro Stunde.

Seite 67 | Aufgabe 3

a)

a	0,5	1	2	4	6	20
b	72	36	18	9	6	1,8

indirekt proportional

b)

a	0,4	2	6	10	12	18
b	0,6	3	9	15	18	27

direkt proportional

c)

a	1,6	4	12	1	40	100
b	9	3,6	1,2	14,4	0,36	0,144

indirekt proportional

d)

a	-1	$0,\overline{3}$	1	2	3	5
b	3	-1	-3	-6	-9	-15

direkt proportional

Seite 67 | Aufgabe 4

a = 2; $y = \frac{2}{x}$

a	-2	-1	-0,5	0,5	1	2
b	-1	-2	-4	4	2	1

a = 4; $y = \frac{4}{x}$

a	-2	-1	-0,5	0,5	1	2
b	-2	-4	-8	8	4	2

a = –1; $y = -\frac{1}{x}$

a	-2	-1	-0,5	0,5	1	2
b	0,5	1	2	-2	-1	-0,5

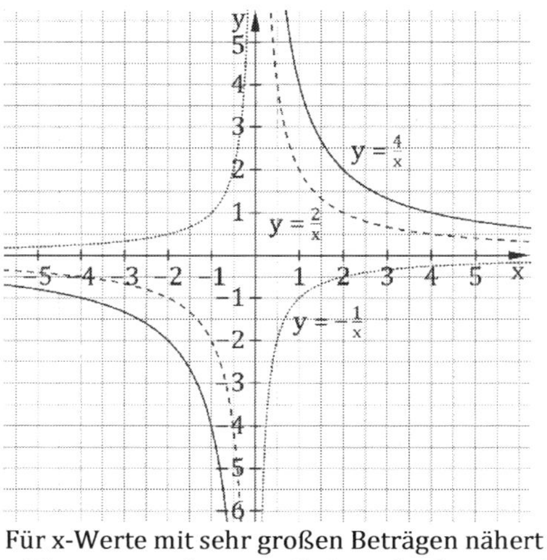

Für x-Werte mit sehr großen Beträgen nähert sich der Graph der x-Achse an. Im Bereich um die Definitionslücke werden die y-Werte entweder unendlich groß oder unendlich klein. Es gilt:

a > 0 und x <0: unendlich klein   a > 0 und x > 0: unendlich groß
a < 0 und x <0: unendlich groß   a < 0 und x > 0: unendlich klein

Seite 67 | Aufgabe 5

a) G_f: $f(x) = \frac{-2,5}{x}$; G_g: $g(x) = \frac{3}{x}$

b) G_h: $h(x) = \frac{-1,5}{x}$; G_k: $k(x) = \frac{0,5}{x}$

Seite 67 | Aufgabe 6

a) Der Graph ist eine Gerade. Der Graph schneidet x- und y-Achse.
b) Der Graph ist achsensymmetrisch. Der Graph wird um die Definitionslücke für positive u. negative x-Werte unendlich groß.
c) Der Graph schneidet die x-Ache. Der Graph ist nicht punktsymmetrisch zum Ursprung.

Seite 67 | Aufgabe 7

a) und b): individuelle Lösungen
c) Wenn der Betrag von a größer wird, dann entfernen sich die beiden Hyperbeläste immer weiter vom Koordinatenursprung. Wenn a negativ wird, liegen die beiden Hyperbeläste nicht mehr im I. und III., sondern im II. und IV Quadranten. Die Punkte bei x = a und x = 1 verändern sich. Es gilt: $P_1(a|1)$ und $P_2(1|a)$.

Seite 68 | Aufgabe 8

a) Für Funktionen der Form $f(x) = \frac{a}{x}$ gilt $f(1) = a$.
An der Stelle a kann man den Wert von a also ablesen.

b) Es gilt $f(3) = y = \frac{a}{3}$, also $a = 3y$.
Den Funktionswert an der Stelle x = 3 muss man also mit 3 multiplizieren, um a zu erhalten.

c) G_f: $f(x) = \frac{1}{x}$; G_g: $g(x) = \frac{2}{x}$; G_h: $h(x) = \frac{3}{x}$

d)
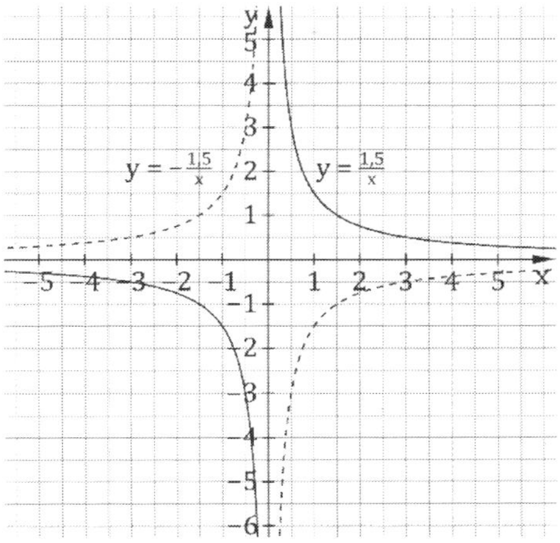

Die beiden Graphen sind symmetrisch zueinander, sie gehen durch Spiegelung an der y- oder der x-Achse ineinander über.

Seite 68 | Aufgabe 9

a) Falsch, denn nicht die Summe der beiden Größen ist konstant, sondern das Produkt.
b) Falsch. Wenn sich die eine Größe auf die Hälfte verringert, vergrößert sich die andere auf das Doppelte, nicht um das Doppelte.
c) Richtig. Dann ist das Produkt der beiden Größen konstant.
d) Falsch. „Um 30 % fallen" bedeutet, dass jetzt noch das 0,7-Fache vorliegt, „um 30 % zunehmen" bedeutet, dass das 1,3-Fache vorliegt. $0,7 \cdot 1,3 = 0,91 \neq 1$: Das Produkt bleibt nicht konstant.
e) Richtig. „Um 100 % steigen" bedeutet, dass jetzt das 2-Fache vorliegt, „um 50 % abnehmen" bedeutet, dass das 0,5-Fache vorliegt. $2 \cdot 0,5 = 1$: Das Produkt bleibt konstant.
f) Richtig. „Um das Dreifache steigen" bedeutet, dass jetzt das 4-Fache vorliegt, „um drei Viertel verringern" bedeutet, dass das 0,25-Fache vorliegt. $4 \cdot 0,25 = 1$: Das Produkt bleibt konstant.

Seite 68 | Aufgabe 10

a) Umfang: u = 50 cm. Weitere Rechtecke mit u = 50 cm:

l (in cm)	2	6	10	14	18	22
b (in cm)	23	19	15	11	7	3

Fläche: A = 144 cm^2. Weitere Rechtecke mit A = 144 cm^2:

l (in cm)	6	10	12	15	18	20
b (in cm)	24	14,4	12	9,6	8	7,2

b)
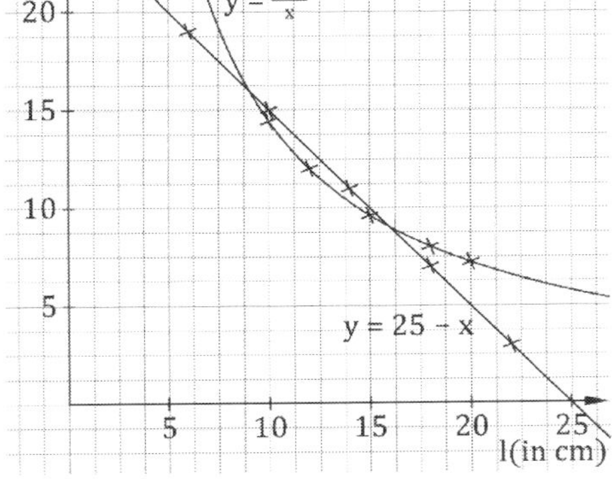

c) Konstanter Umfang: $u = 2l + 2b = 50$; $b = 25 - l$ Konstanter Flächeninhalt: $A = b \cdot l = 144$; $b = \frac{144}{l}$

d) Beim Umfang liegt weder direkte noch indirekte Proportionalität vor.
Beim Flächeninhalt liegt eine indirekte Proportionalität vor: Wenn l halbiert wird, wird b verdoppelt.

Seite 69 | Aufgabe 11

a) Da ein Zufluss eine bestimmte Menge an Wasser liefert, dauert das Befüllen bei doppelt so vielen Zuflüssen halb so lange.
5 Zuflüsse $\cdot\ 18{,}\overline{3}$ h = 4 Zuflüsse $\cdot\ x \Rightarrow x = 22{,}91\overline{6}$: Bei 4 Zuflüssen dauert das Füllen 22 h und 55 min.

b) Es gilt „Strecke ist Geschwindigkeit mal Zeit", also ist bei fester Strecke das Produkt der Größen v und t konstant.
$5\,\frac{km}{h} \cdot 16\frac{1}{2}\,min = 5\frac{1}{2}\,\frac{km}{h} \cdot x \Rightarrow x = 15$: Melanie braucht 15 Minuten.

c) Ein Arbeiter schafft eine bestimmte Menge an Arbeit pro Stunde. Das Produkt aus Arbeitern und Arbeitsstunden ist konstant.
21 Tage mit neun Arbeitsstunden sind 189 Arbeitsstunden.
189 h $\cdot$ 16 Arbeiter $= x \cdot 27$ Arbeiter $\Rightarrow x = 112$: 27 Arbeiter benötigen 112 Arbeitsstunden.
Wenn sie neun Stunden pro Tag arbeiten, sind dies $12{,}\overline{4}$ Tage, bei acht Arbeitsstunden pro Tag sind es 14 Tage.

d) 926,54 € : 4 = 231,635 €: Bei vier Spielern gewinnt jeder 231,64 €.
926,54 € : 5 = 185,308 €: Bei fünf Spielern gewinnt jeder 185,31 €, also 46,33 € weniger.
926,54 € : 6 = 154,423 €: Bei sechs Spielern gewinnt jeder 154,42 €, also 77,22 € weniger.

e) Wenn der Maßstab verdoppelt wird, halbiert sich die Breite und Höhe des benötigten Papiers.
$3\,000\,000 \cdot 28$ cm $= 50\,000 \cdot x \Rightarrow x = 1680$ cm = 16,8 m
$3\,000\,000 \cdot 21$ cm $= 50\,000 \cdot x \Rightarrow x = 1260$ cm = 12,6 m: Das Papier müsste 16,8 m hoch und 12,6 m breit sein.

f) Das Produkt aus Zeichen pro Seite und Seiten ist konstant. Zunächst befinden sich 2160 Zeichen auf der Seite, dann 1500.
$2160 \cdot 275$ Seiten $= 1500 \cdot x \Rightarrow x = 396$: Das Buch hätte mit der größeren Schrift dann 396 Seiten.

Seite 69 | Aufgabe 12

Regensburger Elle: RE = 81 cm; Augsburger Elle: AE = 58,75 cm
Umfang der Wiese in Augsburger Ellen: $u = 2 \cdot 200$ AE $+ 2 \cdot 160$ AE $= 720$ AE
Der Regensburger Handwerker berechnet den Preis anhand Regensburger Ellen:
720 AE $\cdot$ 58,75 cm $= x \cdot 81$ cm $\Rightarrow x = 522{,}\overline{2}$: Der Zaun ist $522{,}\overline{2}$ RE lang. Preis: $p = \frac{522{,}\overline{2}}{10} \cdot 3 = 156{,}\overline{6}$ Kreuzer
Bauer Kilian muss ca. 157 Kreuzer zahlen.

Seite 69 | Aufgabe 13

A: Ja, da $\frac{12}{4} = 3$

B Nein, da $\frac{12}{8} = 1{,}5 \neq 0$. Der Graph schneidet die x-Achse nicht.

C Nein, da die Funktion für $x = 0$ nicht definiert ist.

D Nein, da $\frac{12}{13} \approx 0{,}923 \neq 1$.

E Nein, da $\frac{12}{-13} \approx -0{,}923 \neq -1{,}5$.

Seite 70 | Aufgabe 14

a) Die Schilder geben zum einen an, wie groß der Abstand vom Mast des Krans ist und außerdem, welches Gewicht an der entsprechenden Stelle maximal an den Kranausleger gehängt werden darf.

b) Zusätzliche Schilder sind an den Querstreben sinnvoll, also in einem Abstand von 2,5 m, 7,5 m, 12,5 m und 17,5 m vom Mast.

Abstand (in m)	2,5	5	7,5	10	12,5	15	17,5	20
Gewicht (in kg)	8000	4000	$2666{,}\overline{6}$	2000	1600	1330	$1142\frac{6}{7}$	1000

c) 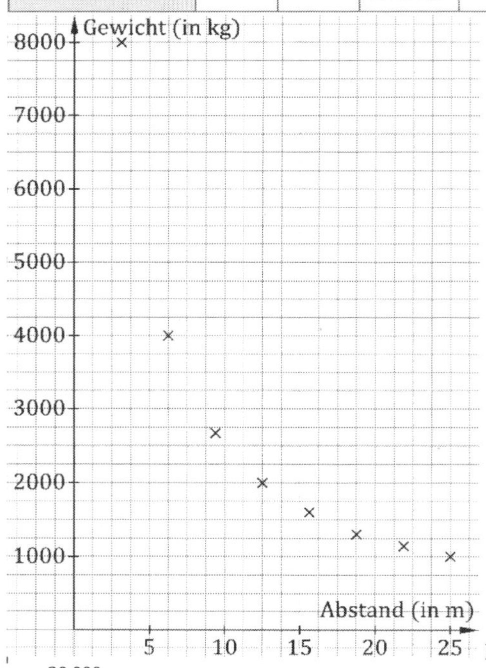

Es kann zu jeder Entfernung die mögliche Höchstbelastung abgelesen werden

d) $y = \frac{20\,000}{x}$

Seite 70 | Aufgabe 15

a)

V (in l)	1	2	3	4	5	6	7	8	9	10
a (in %)	100	50	$33,\overline{3}$	25	20	$16,\overline{6}$	$14\frac{2}{7}$	12,5	$11,\overline{1}$	10

b)

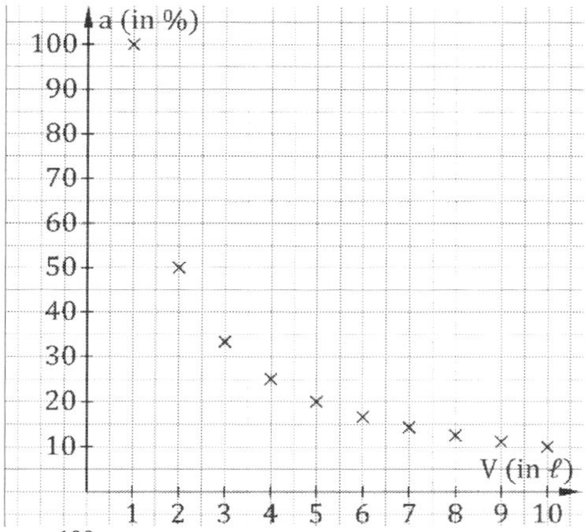

c) $V = \frac{100}{a}$

d) Nektar: $V = \frac{100}{25} = 4$; $V = \frac{100}{50} = 2$

Aus einem Liter Fruchtsaft kann man mindestens 2 Liter und höchstens 4 Liter Nektar herstellen.

Fruchtsaftgetränk : $V = \frac{100}{6} = 16,\overline{6}$; $V = \frac{100}{30} = 3,\overline{3}$

Aus einem Liter Fruchtsaft kann man mindestens $3,\overline{3}$ Liter und höchstens $16,\overline{6}$ Liter Fruchtsaftgetränk herstellen.

Limonade : $V = \frac{100}{3} = 33,\overline{3}$; $V = \frac{100}{15} = 6,\overline{6}$

Aus einem Liter Fruchtsaft kann man mindestens $6,\overline{6}$ Liter und höchstens $33,\overline{3}$ Liter Limonade herstellen.

Seite 70 | Aufgabe 16

a) direkt proportional, $y = 3x$
b) indirekt proportional, $y = \frac{1}{x}$
c) indirekt proportional. $y = \frac{2}{x}$
d) direkt proportional. $y = -2x$
e) weder direkt noch indirekt proportional. sondern linear $y = 3 - 2x$
f) weder direkt noch indirekt proportional. sondern linear, $y = -x - 3$
g) weder direkt noch indirekt proportional, $y = x^2$
h) weder direkt noch indirekt proportional. $y = 2x^2$
i) weder direkt noch indirekt proportional $y = x^2 + 1$

Seite 70 | Aufgabe 17

individuelle Lösungen. Ja, das Produkt aus Abstand zum Drehpunkt und Gewicht ist konstant, also indirekt proportional.

3.2 Untersuchung von elementaren gebrochen-rationalen Funktionen

Seite 71 | Einstieg

individuelle Lösungen. Verändert man den Parameter c, so wird der Graph entlang der y-Achse verschoben.
Verändert man den Parameter a, so entfernen sich die Hyperbeläste vom Ursprung.

Seite 75 | Aufgabe 1

a) individuelle Lösungen

b)

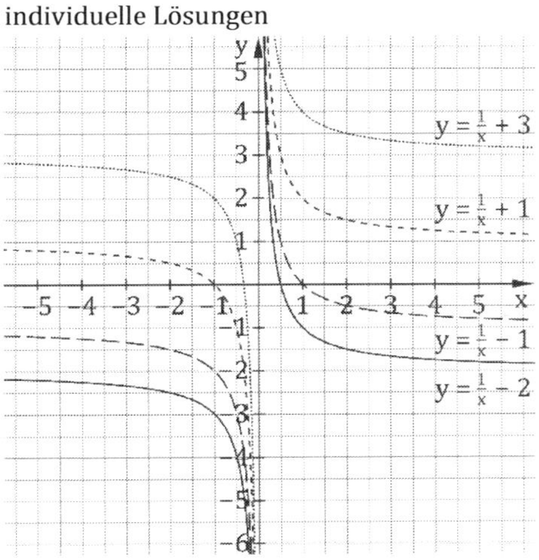

Seite 75 | Aufgabe 2

a) g(x) wird um eins nach oben verschoben.
b) g(x) wird um eins nach unten verschoben.
c) g(x) wird um zwei nach oben verschoben.
d) g(x) wird um eins nach oben verschoben.
e) g(x) wird um zwei nach unten verschoben.
f) g(x) an der x-Achse gespiegelt, um eins nach oben versch.

Seite 75 | Aufgabe 3

a) $f(x) = \frac{4}{x} - 5$ b) $f(x) = \frac{4}{x} + 3$ c) $f(x) = \frac{1}{x} + 1$ d) $f(x) = \frac{6}{x} + 2$

Seite 75 | Aufgabe 4

a) Der Graph geht durch den Punkt P(1,5|3). Die waagerechte Asymptote liegt bei $y = 2$ und die senkrechte bei $x = 0$. Die Definitionsmenge ist $D = \mathbb{Q}\setminus\{0\}$.
b) Der Graph ist an der y-Achse gespiegelt. Er geht durch den Punkt P(−1|−1). Die waagerechte Asymptote liegt bei $y = -2$ und die senkrechte bei $x = 0$. Die Definitionsmenge ist $D = \mathbb{Q}\setminus\{0\}$.
c) Der Graph geht durch den Punkt P(2|2). Die waagerechte Asymptote liegt bei $y = 3$ und die senkrechte bei $x = 0$. Der Graph ist an der y-Achse gespiegelt. Die Definitionsmenge ist $D = \mathbb{Q}\setminus\{0\}$.

Seite 75 | Aufgabe 5

a) g(x) wird um eins nach links entlang der x-Achse verschoben.
b) g(x) wird um eins nach links entlang der x-Achse verschoben.
c) g(x) wird um zwei nach links entlang der x-Achse verschoben.
d) g(x) wird um eins nach links entlang der x-Achse verschoben.
e) g(x) wird um eins nach rechts entlang der x-Achse verschoben.
f) g(x) wird um eins nach rechts entlang der x-Achse verschoben.

Seite 76 | Aufgabe 6

a) $f(x) = \frac{4}{x + 5}$ c) $f(x) = \frac{1}{x - 1}$
b) $f(x) = \frac{4}{x - 2}$ d) $f(x) = \frac{1}{x - 2} + 3$

Seite 76 | Aufgabe 7

a) Der Graph geht durch den Punkt P(0|0,75). Die senkrechte Asymptote liegt bei $x = -2$ und die waagerechte liegt bei $y = 0$. Die Definitionsmenge ist $D = \mathbb{Q}\setminus\{-2\}$.
b) Der Graph ist an der x-Achse gespiegelt. Der Graph geht durch den Punkt P(0|0,5). Die senkrechte Asymptote liegt bei $x = 2$ und die waagerechte liegt bei $y = 0$. Die Definitionsmenge ist $D = \mathbb{Q}\setminus\{2\}$.
c) Der Graph ist an der x-Achse gespiegelt. Der Graph geht durch den Punkt $P\left(0\middle|-\frac{2}{3}\right)$. Die senkrechte Asymptote liegt bei $x = -3$ und die waagerechte liegt bei $y = 0$. Die Definitionsmenge ist $D = \mathbb{Q}\setminus\{-3\}$.

Seite 76 | Aufgabe 8

Zeichnung zu a) bis c)

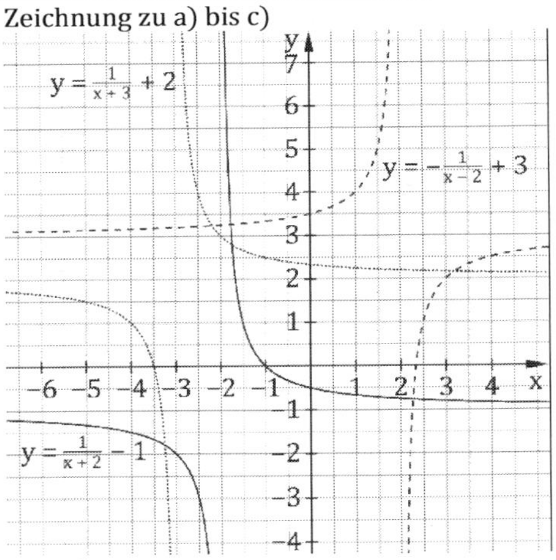

Vorgehen:
a) Die Schablone wird entlang der x-Achse um 2 nach links und entlang der y-Achse um 1 nach unten verschoben.
b) Die Schablone wird vertikal umgedreht und dann entlang der x-Achse um 2 nach rechts und entlang der y-Achse um 3 nach oben verschoben.
c) Die Schablone wird entlang der x-Achse um 3 nach links und entlang der y-Achse um 2 nach oben verschoben.

Seite 76 | Aufgabe 9

a) Der Graph geht durch den Punkt P(0|−1). Die senkrechte Asymptote liegt bei $x = -1$ und die waagerechte liegt bei $y = -3$. Die Definitionsmenge ist $D = \mathbb{Q}\setminus\{-1\}$.
b) Der Graph ist an der x-Achse gespiegelt. Er geht durch den Punkt P(0|4,5). Die senkrechte Asymptote liegt bei $x = 2$ und die waagerechte liegt bei $y = 4$. Die Definitionsmenge ist $D = \mathbb{Q}\setminus\{2\}$.
c) Der Graph ist an der x-Achse gespiegelt. Er geht durch die Punkte $P\left(0\middle|\frac{5}{6}\right)$ und Q(1|1). Die senkrechte Asymptote liegt bei $x = -3$ und die waagerechte liegt bei $y = 1.5$. Die Definitionsmenge ist $D = \mathbb{Q}\setminus\{-3\}$.

Seite 76 | Aufgabe 10

f: Definitionslücke: $x = -1$; Schnittpunkt mit y-Achse: $P(0|3)$; Schnittpunkt mit der x-Achse: $Q(1|0)$
g: Definitionslücke: $x = 2$; Schnittpunkt mit y-Achse: $P(0|4{,}5)$; Schnittpunkt mit der x-Achse: $Q(2{,}25|0)$
h: Definitionslücke: $x = -3$; Schnittpunkt mit y-Achse: $P\left(0\middle|-\frac{1}{3}\right)$; Schnittpunkt mit der x-Achse: $Q(3|0)$

Seite 77 | Aufgabe 11

Da beim Definitionsbereich die 4 ausgeschlossen ist, muss $b = -4$ sein. Einsetzen von S_x in die Gleichung ergibt $c = 0{,}5$.
$g(x) = \frac{1}{x-4} + 0{,}5$

Seite 77 | Aufgabe 12

a) $y = \frac{1}{x+1} - 1$ b) $y = \frac{1}{x-1{,}5} + 1$ c) $y = \frac{1}{x} - 2$ d) $y = \frac{1}{x+2}$

Seite 77 | Aufgabe 13

a) m ist die Steigung der linearen Funktion. Für $m < 0$ fällt die lineare Funktion, für $m > 0$ steigt sie. Für $m = 0$, ist der Graph eine waagerechte Gerade mit der Gleichung $y = t$.
t ist der y-Achsenabschnitt. Für $t < 0$ ist der Schnittpunkt mit der y-Achse negativ, für $t > 0$ ist der y-Achsenabschnitt positiv. Bei $t = 0$ liegt der Schnittpunkt mit den Koordinatenachsen im Koordinatenursprung.
b) a definiert die Punkte $P_1(1|a)$ und $P_2(a|1)$, der Abstand der Hyperbeläste voneinander vergrößert sich also, wenn der Betrag von a größer wird. Für $a < 0$ sind die Äste an der Definitionslücke gespiegelt.
Für $a = 0$ wäre $\frac{a}{x+b}$ auch 0, damit ist die Gleichung nur eine waagerechte Gerade mit der Gleichung $y = c$. Deswegen muss $a \neq 0$ sein, um eine gebrochen-rationale Funktion zu erhalten.
Die Definitionslücke liegt bei $x = -b$. b verschiebt den Graphen entlang der x-Achse. Für $b > 0$ wird der Graph nach links, für $b < 0$ nach rechts verschoben. Für $b = 0$ ist die x-Achse die senkrechte Asymptote.
Die waagrechte Asymptote liegt bei $y = c$. c verschiebt den Graphen entlang der y-Achse. Für $c > 0$ wird der Graph nach oben, für $c < 0$ nach unten verschoben. Für $c = 0$ ist die y-Achse die waagrechte Asymptote.

Seite 77 | Aufgabe 14

individuelle Lösungen

Seite 77 | Aufgabe 15

a) $f(36) = \frac{1}{3} \cdot 36 - 3 = 9 \neq 17$: P liegt nicht auf dem Graphen, sondern 8 Einheiten über der Funktion.
b) $f(3) = \frac{2}{3+2} = 0{,}4$: P liegt auf dem Graphen.
c) Die Definitionslücke von f liegt bei $x = 1$. f ist also bei $x = 1$ nicht definiert und P liegt nicht auf dem Graphen.
d) $f(3) = -\frac{1}{3-1} + 2 = 1{,}5 \neq 2$: P liegt nicht auf dem Graphen, sondern 0,5 Einheiten über der Funktion.

Seite 78 | Aufgabe 16

a) $f(x) = \frac{1}{x+1} + 2$

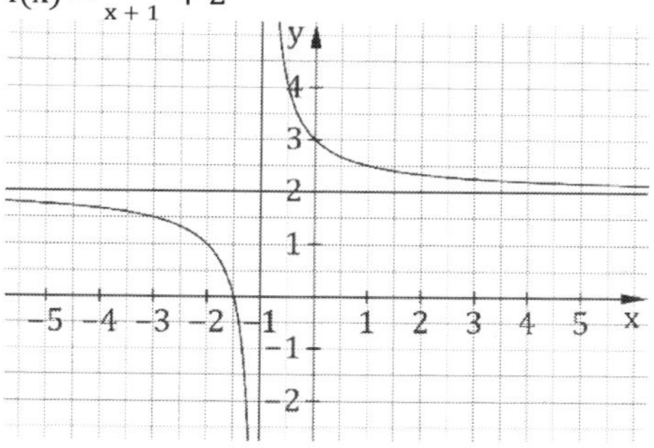

b) $g(x) = -\frac{1}{x-3} + 1$

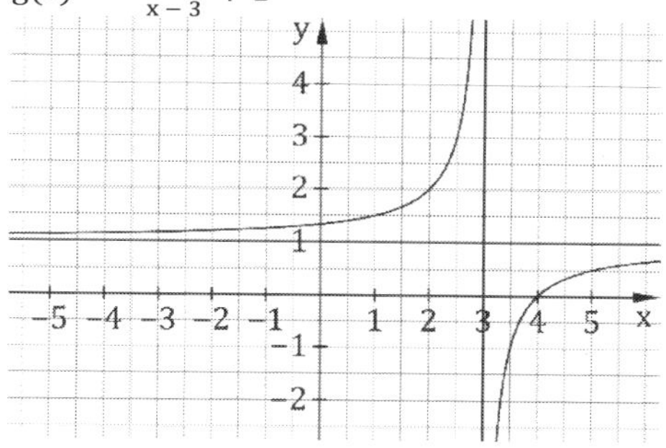

Seite 78 | Aufgabe 17

a) $f(x) = \frac{2}{x+5} - 3$ b) $f(x) = \frac{24}{x+4} - 2$ c) $f(x) = \frac{2}{x-1} - 2$

Seite 78 | Aufgabe 18

a) Die Definitionsmenge ist $D = \mathbb{Q}\setminus\{0\}$.
Wertetabelle:

x	−4	−3	−2	−1	0	1	2	3	4	5	6
y	$\frac{1}{16}$	$\frac{1}{9}$	$\frac{1}{4}$	1	–	1	$\frac{1}{4}$	$\frac{1}{9}$	$\frac{1}{16}$	$\frac{1}{25}$	$\frac{1}{36}$

Graph:

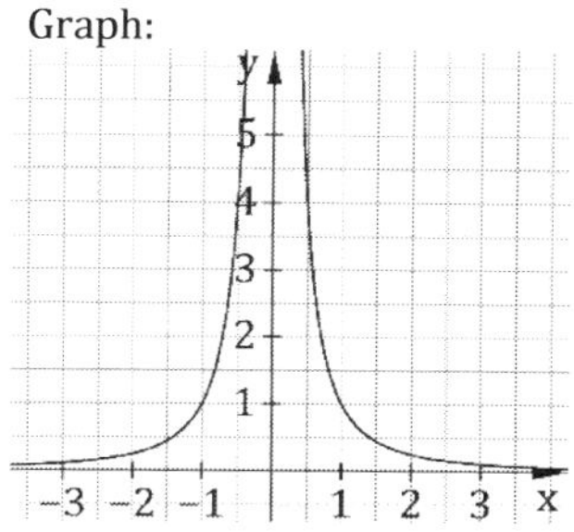

b) 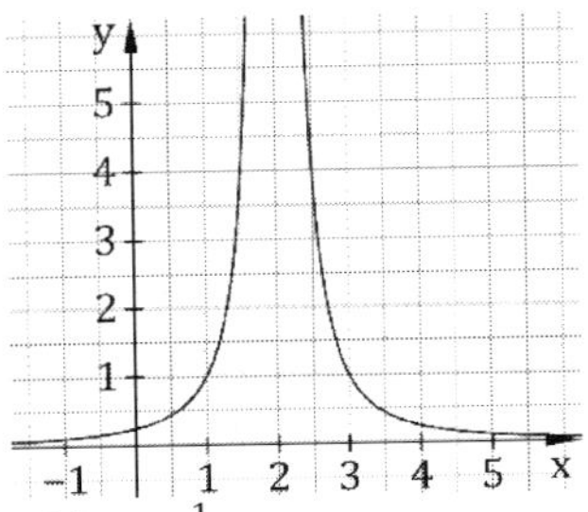

$g(x) = \frac{1}{(x-2)^2}$

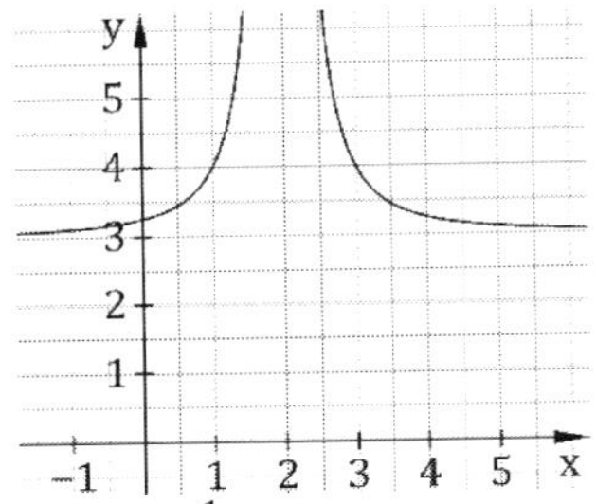

$h(x) = \frac{1}{(x-2)^2} + 3$

Um g zu erhalten, wird f um 2 nach rechts verschoben.
Um h zu erhalten, wird f um 2 nach rechts und um 3 nach oben verschoben.

c) f: Asymptoten: $x = 0$ für betragsmäßig sehr kleine x-Werte und $y = 0$ für betragsmäßig sehr große x-Werte.
g: Asymptoten: $x = 2$ für x-Werte, die sich von beiden Seiten $x = 2$ nähern, und $y = 0$ für betragsmäßig sehr große x-Werte.
h: Asymptoten: $x = 2$ für x-Werte, die sich von beiden Seiten $x = 2$ nähern, und $y = 3$ für betragsmäßig sehr große x-Werte.

d) f ist achsensymmetrisch zu y-Achse. g ist achsensymmetrisch zu $x = 2$. h ist achsensymmetrisch zu $x = 2$.

e) x taucht in der Funktionsgleichung nur quadriert auf. Da eine Quadrierung immer positive Werte ergibt, können die Funktion f(x), g(x) und h(x) niemals negativ werden.

Seite 78 | Aufgabe 19

a) Definitionsmenge von f(x): $D = \mathbb{Q}\setminus\{-1{,}1\}$,
Definitionsmenge von g(x) $D = \mathbb{Q}\setminus\{1\}$.
Asymptoten von f(x): $x = -1$ und $x = 1$
Asymptoten von g(x): $x = 1$
f(x) hat zwischen $x = -1$ und $x = 1$ negative y-Werte, die y-Werte von g(x) sind immer positiv.

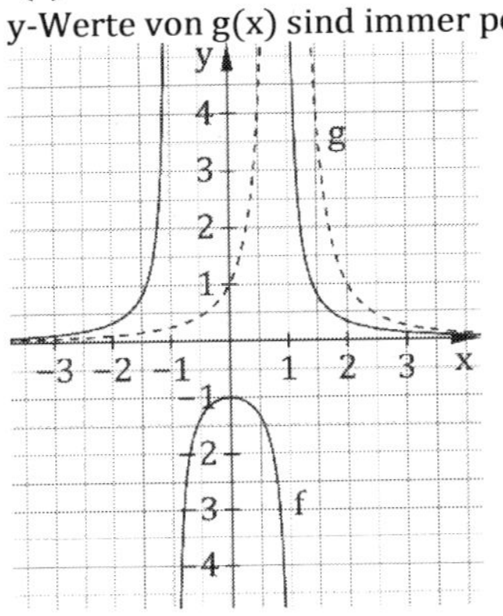

b) Definitionsmenge von f(x): $D = \mathbb{Q}\setminus\{4\}$
Definitionsmenge von g(x) $D = \mathbb{Q}\setminus\{-2, 2\}$
Asymptote von f(x): $x = 4$
Asymptoten von g(x): $x = -2$; $x = 2$
f(x) hat zwischen $x = -2$ und $x = 2$ negative y-Werte, die y-Werte von g(x) sind immer positiv.

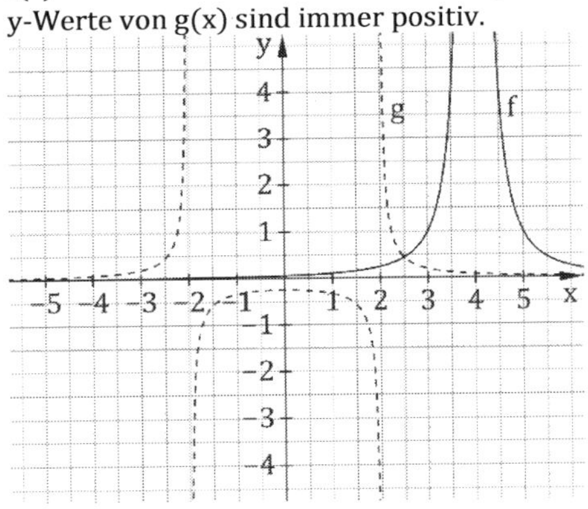

c) Definitionsmenge von f(x): $D = \mathbb{Q}\setminus\{6\}$,
Definitionsmenge von g(x) $D = \mathbb{Q}\setminus\{6\}$.
Asymptoten von f(x): $x = 6$
Asymptoten von g(x): $x = 6$
f(x) hat für $x < 6$ negativ y-Werte, die y-Werte von g(x) sind immer positiv.

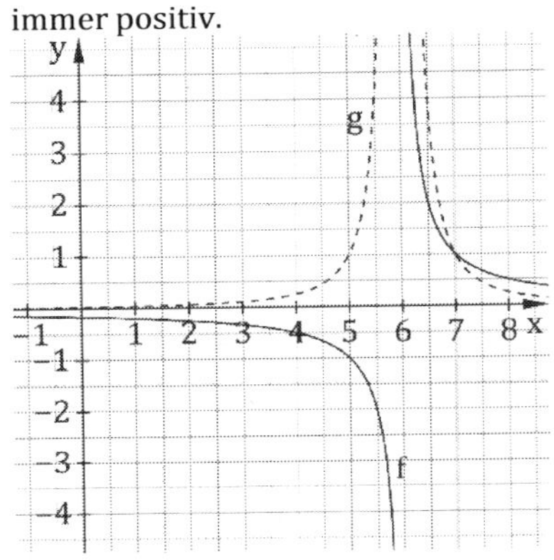

d) Definitionsmenge von f(x): $D = \mathbb{Q}\setminus\{1\}$,
Definitionsmenge von g(x) $D = \mathbb{Q}\setminus\{-1{,}1\}$.
Asymptoten von f(x): $x = 1$
Asymptoten von g(x): $x = -1$ und $x = 1$
f(x) hat für $x < 1$ negative, für $x > 11$ positive y-Werte. g(x) hat zwischen $x = -1$ und $x = 1$ positive und ansonsten negative y-Werte.

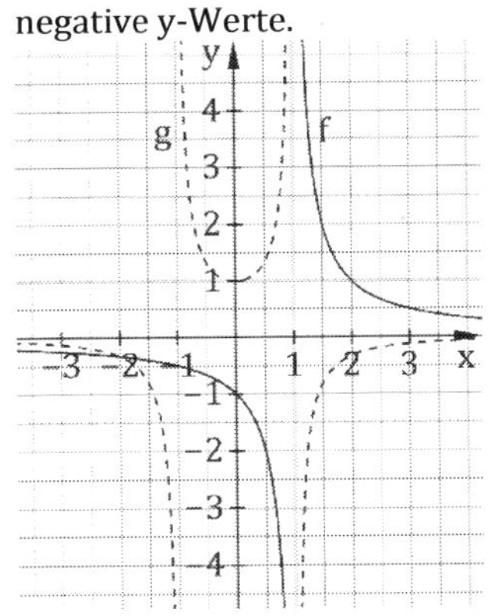

4 Bruchterme und Bruchgleichungen

4.1 Addition und Subtraktion von Bruchtermen

Seite 84 | Einstieg

Es dürfen jeweils die Zahlen nicht für x eingesetzt werden, bei denen der Nenner gleich 0 wird. Dann würde durch 0 geteilt und dies ist nicht definiert. Diese Zahlen sind für f(x): $x = 2$; für g(x): $x = 0$ und $x = -2$ und für h(x): $x = 1$.

Seite 87 | Aufgabe 1

a) Bruchterm; $D = \mathbb{Q}\setminus\{0\}$
b) kein Bruchterm; $D = \mathbb{Q}$
c) kein Bruchterm; $D = \mathbb{Q}$
d) kein Bruchterm; $D = \mathbb{Q}$
e) kein Buchterm; $D = \mathbb{Q}$
f) Bruchterm; $D = \mathbb{Q}\setminus\{0\}$
g) Bruchterm; $D = \mathbb{Q}\setminus\{0\}$
h) Bruchterm; $D = \mathbb{Q}\setminus\{-2\}$

Seite 87 | Aufgabe 2

a) $D = \mathbb{Q}\setminus\{0\}$
b) $D = \mathbb{Q}\setminus\{2\}$
c) $D = \mathbb{Q}$
d) $D = \mathbb{Q}\setminus\{-2, 2\}$
e) $D = \mathbb{Q}\setminus\{0\}$
f) $D = \mathbb{Q}\setminus\{-2\}$
g) $D = \mathbb{Q}\setminus\{-4\}$
h) $D = \mathbb{Q}\setminus\{-1, 1\}$

Seite 87 | Aufgabe 3

a) Das ist nur für $x > 0$ richtig, so allgemein also falsch.
b) Das ist so allgemein falsch. Wenn beispielsweise die Variable im Nenner quadriert und eine positive Zahl addiert wird, dann ist $D = \mathbb{Q}$; also z. B. für $\frac{1}{x^2+1}$.

Seite 87 | Aufgabe 4

$x = 1$: $\frac{4}{1-5} = -1$ $x = -3$: $\frac{4}{-3-5} = -\frac{1}{2}$ $x = 3$: $\frac{4}{3-5} = -2$ $x = 7$: $\frac{4}{7-5} = 2$ $x = -\frac{1}{3}$: $\frac{4}{-\frac{1}{3}-5} = -\frac{3}{4}$

Der gegebene Wert für x wird in den Term eingesetzt und der Bruch so weit möglich gekürzt.

$\frac{4}{x-5} = \frac{4}{5}$ für $x = 10$ $\frac{4}{x-5} = 4$ für $x = 6$ $\frac{4}{x-5} = -2$ für $x = 3$ $\frac{4}{x-5} = -\frac{4}{9}$ für $x = -4$

Der Term und der gegebene Termwert werden gleichgesetzt und x so bestimmt, dass die Nenner gleich werden.

Seite 87 | Aufgabe 5

individuelle Lösungen. Es gehören die x-Werte nicht zur Definitionsmenge, für die der Wert des Nenners 0 wird.

Seite 87 | Aufgabe 6

Beispiellösungen:

a) $\frac{1}{x+1}$; $\frac{1}{x^2+2x+1}$
b) $\frac{1}{x^2+1}$; $\frac{1}{x^2+2x+2}$
c) $\frac{1}{(x+2)(x-3)}$; $\frac{1}{5(x+2)(x-3)}$
d) $\frac{1}{x(x-2)}$; $\frac{1}{2x^2-4x}$

Seite 87 | Aufgabe 7

a) $D = \mathbb{Q}\setminus\{0; 0{,}5\}$
b) $D = \mathbb{Q}\setminus\{-2\}$
c) $D = \mathbb{Q}\setminus\{-5; 0\}$
d) $D = \mathbb{Q}\setminus\{1\}$

Seite 87 | Aufgabe 8

a) $\frac{3}{x}$
b) $-\frac{2}{3x}$
c) $\frac{3}{x-1}$
d) $\frac{3x+1}{2}$
e) $\frac{3}{1} = 3$
f) $\frac{-1}{3} = -3$

Seite 87 | Aufgabe 9

a) $\frac{2}{x^2}$
b) $\frac{16x^2}{-9(x+4)}$
c) $\frac{3}{4}$
d) $\frac{4x}{(x+2)^2}$
e) $3x$
f) $2 - 2x$
g) $-\frac{2}{3}$
h) $-\frac{5}{2}$

Seite 87 | Aufgabe 10

a) kann durch a gekürzt werden: $\frac{1+2a}{2a}$
b) kann nicht gekürzt werden
c) kann nicht gekürzt werden
d) kann durch x gekürzt werden: $\frac{2x^2-1}{2-x}$

Seite 88 | Aufgabe 11

a) Der Term kann nicht durch x gekürzt werden, da x im zweiten Summanden im Zähler nicht vorkommt. Möglich ist das Kürzen durch 3: $\frac{2x+3}{2x}$.
b) Es wurde im Zähler zweimal, im Nenner nur einmal durch x geteilt, richtig ist: $x \cdot \frac{x^2-2x}{4}$ oder $x^2 \cdot \frac{x-2}{4}$.
c) Der Term kann nicht gekürzt werden, da im Zähler weder x noch $(2 - 2x)$ in allen Summenden vorkommt.

Seite 88 | Aufgabe 12

a) Felix: Es kann zwar mit 3 gekürzt werden, allerdings ist das Ergebnis nicht richtig. Richtig ist $\frac{3x+3}{3x} = \frac{x+1}{x}$.
Franziska: Mit 3x kann nicht gekürzt werden, da im zweiten Summenden im Zähler kein x vorkommt.
b) Kürzt man den ersten Term $\frac{4x^2}{2x}$ mit 2x, erhält man 2x. Die Terme sind dennoch nicht äquivalent, da der zweite Term eine andere Definitionsmenge hat: $\frac{4x^2}{2x}$: $D = \mathbb{Q}\setminus\{0\}$; 2x: $D = \mathbb{Q}$.

Seite 88 | Aufgabe 13

individuelle Lösungen

Seite 88 | Aufgabe 14

a) $\frac{7}{x}$ c) $-\frac{1}{y}$ e) $\frac{1}{x+1}$ g) $\frac{2x-3}{x-3}$

b) $\frac{4}{a}$ d) $\frac{3-x}{x}$ f) $\frac{2a+3}{a}$ h) $-\frac{x}{x+2}$

Seite 88 | Aufgabe 15

a) $\frac{1+x}{x+3}$ c) $\frac{5}{6y}$ e) $\frac{4xy-3y^2+5x^2}{x^2 \cdot y^2}$ g) $\frac{4x-x^2}{x\cdot(x-3)} = \frac{4-x}{x-3}$

b) $\frac{3}{x-2}$ d) $\frac{10a-6}{3a^2}$ f) $\frac{1}{x\cdot(x-3)}$ h) $\frac{3xy-x^2}{y\cdot(x-y)}$

Seite 88 | Aufgabe 16

a) Elias hat den zweiten Summenden im Zähler nicht mit 2 multipliziert, richtig: $\frac{x+2}{x} = \frac{2x+4}{2x}$

b) Elias hat den Zähler zweimal mit x multipliziert, richtig: $\frac{x\cdot(x+1)}{3x} = \frac{x^2(x+1)}{3x^2}$ oder $\frac{x\cdot(x+1)}{3x} = \frac{x\cdot(x^2+x)}{3x^2}$

c) Elias hat nur den zweiten Summanden des Zählers mit (x – 2) multipliziert, richtig: $\frac{x+4}{2x} = \frac{(x+4)\cdot(x-2)}{2x\cdot(x-2)}$

Seite 88 | Aufgabe 17

Setzt man x = 1, so erhält man: $\frac{1+3}{3\cdot 1^2} + \frac{4}{1-2} = -2\frac{2}{3}$; $\frac{1+7}{3\cdot 1^2+1-2} = 4$

Sofie hat Zähler und Nenner einzeln addiert, was nicht richtig ist. Richtig ist:

$\frac{(x+3)\cdot(x-2)+4\cdot 3x^2}{3x^2\cdot(x-2)} = \frac{13x^2+x-6}{3x^2\cdot(x-2)}$

Seite 88 | Aufgabe 18

a) Die Brüche haben schon den gleichen Nenner, es müssen nur die Zähler addiert werden, nicht Zähler und Nenner. Richtig: $\frac{3}{x} + \frac{4}{x} + \frac{5}{x} = \frac{3+4+5}{x} = \frac{12}{x}$

b) Andi hat ein Vorzeichen falsch gesetzt, richtig ist: $\frac{x}{x+2} - \frac{x-3}{x+2} = \frac{x-x+3}{x+2} = \frac{3}{x+2}$

c) Andi hat den Hauptnenner falsch gebildet, richtig ist: $\frac{x+3}{2x} + \frac{x+2}{x-2} = \frac{(x+3)(x-2)+(x+2)\cdot 2x}{2x\cdot(x-2)} = \frac{3x^2+5x-6}{2x\cdot(x-2)}$

d) Im ersten Schritt hat Andi richtig den Hauptnenner gebildet, danach aber nicht richtig weiter gerechnet. Richtig ist: $\frac{3}{x} - \frac{1-x}{x^2} = \frac{3x}{x^2} - \frac{1-x}{x^2} = \frac{3x-1+x}{x^2} = \frac{4x-1}{x^2}$

Seite 88 | Aufgabe 19

a) $\frac{1}{x} - \frac{6}{x^2} + \frac{9}{x^3} = \frac{x^2-6x+9}{x^3}$

b) $\frac{3x}{2+x} - \frac{2-x}{x} = \frac{4x^2-4}{(2+x)\cdot x} = \frac{4\cdot(x^2-1)}{x\cdot(x+2)}$

c) $\frac{x+3}{4x} + \frac{x}{2x-2} = \frac{2x^2+x^2+3x-x-3}{4x\cdot(x-1)} = \frac{3x^2+2x-3}{4x\cdot(x-1)}$

d) $\frac{3}{2x-4} - \frac{1-x}{2-x} = \frac{3}{2(x-2)} + \frac{1-x}{x-2} = \frac{-2x+5}{2x-4}$

Seite 88 | Aufgabe 20

a) $1+\frac{2}{x}$ b) $\frac{2}{3} - \frac{4}{3x}$ c) $\frac{a}{2a-b} + \frac{4}{2a-b}$ d) $\frac{2x}{x+3} - \frac{y}{x+3}$

Seite 89 | Aufgabe 21

a) Hauptnenner: $(1 + x)(x - 1) = x^2 - 1$; $\frac{x}{1+x} + \frac{-2}{x-1} = \frac{x(x-1)}{(1+x)(x-1)} + \frac{-2(1+x)}{(1+x)(x-1)} = \frac{x^2-3x-2}{(1+x)(x-1)} = \frac{x^2-3x-2}{x^2-1}$

b) Hauptnenner: $6(x - 2)$; $\frac{x-3}{2x-4} + \frac{2x}{3x-6} = \frac{x-3}{2(x-2)} + \frac{2x}{3(x-2)} = \frac{3(x-3)}{6(x-2)} + \frac{4x}{6(x-2)} = \frac{7x-9}{6(x-2)}$

c) Hauptnenner: $(2x + 2)(x + 2) = 2x^2 + 6x + 4$: $\frac{3(x-3)}{2x+2} + \frac{x}{x+2} = \frac{3(x-3)(x+2)}{(2x+2)(x+2)} + \frac{x(2x+2)}{(2x+2)(x+2)} = \frac{5x^2-x-18}{(2x+2)(x+2)} = \frac{5x^2-x-18}{2x^2+6x+4}$

d) Hauptnenner: $2x^2$; $\frac{3}{x} + \frac{-4}{x^2} + \frac{3}{2x} = \frac{6x}{2x^2} + \frac{-8}{2x^2} + \frac{3x}{2x^2} = \frac{9x-8}{2x^2}$

e) Hauptnenner: $2x(x^2 + 2x)$; $\frac{-4\cdot 2x}{2x(x^2+2x)} + \frac{3(x-1)(x^2+2x)}{2x(x^2+2x)} = \frac{3(x-3)(x+2)}{2x(x^2+2x)} = \frac{3x^3+3x^2-14x}{2x(x^2+2x)} = \frac{3x^2+3x-14}{2(x^2+2x)}$

f) Hauptnenner: $(x - 1)(1 + x)x^2$; $\frac{-2(x+1)x^2}{(x-1)(1+x)x^2} + \frac{3x(x-1)x^2}{(x-1)(1+x)x^2} + \frac{-1(x-1)(1+x)}{(x-1)(1+x)x^2} = \frac{3x^4-5x^3-3x^2+1}{(x-1)(1+x)x^2}$

g) Hauptnenner: $3(1+x)(x-1)$; $\frac{x(x-1)}{3(1+x)(x-1)} + \frac{9(1+x)(x-1)}{3(1+x)(x-1)} + \frac{-6(1+x)}{3(1+x)(x-1)} = \frac{10x^2-7x-15}{3(1+x)(x-1)}$

h) Hauptnenner: $2x(2 +x)$; $\frac{5(2+x)}{2x(2+x)} + \frac{x\cdot 2x}{2x(2+x)} - \frac{2(2+x)}{2x(2+x)} = \frac{2x^2+3x+6}{2x(2+x)}$

Seite 89 | Aufgabe 22

a) $\frac{3x}{2(x-1)} + \frac{x+0,5}{-(x-1)} = \frac{3x}{2(x-1)} - \frac{2x+1}{2(x-1)} = \frac{x-1}{2(x-1)}$

1. Schritt: Umformen der Nenner; 2. Schritt: Erweiterung auf den Hauptnenner; 3. Schritt: Addition der Zähler

b) $\frac{2}{x-1} + \frac{2}{-x(x-1)} = \frac{-2x}{-x(x-1)} + \frac{2}{-x(x-1)} = \frac{2-2x}{-x(x-1)} = \frac{2x-2}{x(x-1)}$

1. Schritt: Umformen der Nenner; 2. Schritt: Erweiterung auf den Hauptnenner; 3. Schritt: Addition; 4. Schritt: Umformen

c) $\frac{6}{2(x-1)} + \frac{3}{-(x-1)} = \frac{-6}{-2(x-1)} + \frac{6}{-2(x-1)} = 0$

1. Schritt: Umformen der Nenner; 2. Schritt: Erweiterung auf den Hauptnenner; 3. Schritt: Addition

d) $\frac{4x(x-1)}{5x^2(x-1)} + \frac{15x^2}{5x^2(x-1)} - \frac{5(x-1)}{5x^2(x-1)} = \frac{19x^2-9x+5}{5x^2(x-1)}$

1. Schritt: Erweiterung auf den Hauptnenner; 2. Schritt: Addition

Seite 89 | Aufgabe 23

Hinweise darauf, dass die Ergebnisse gleich sind, sind die gleiche Definitionsmenge $D = \mathbb{Q}\backslash\{0; 2\}$ und die gleiche Nullstelle $x = 3$.
Umformen ergibt $\frac{-x^2+5x-6}{(3x-6)x(x-2)} = \frac{-(x-3)(x-2)}{(3x-6)x(x-2)} = \frac{-x+3}{(3x-6)x} = \frac{-x+3}{3x(x-2)}$

Seite 89 | Aufgabe 24

a) $D = \mathbb{Q}\backslash\{-1\}$ b) $D = \mathbb{Q}\backslash\{3\}$ c) $D = \mathbb{Q}\backslash\{-5; 5\}$ d) $D = \mathbb{Q}\backslash\left\{\frac{1}{3}; \frac{1}{3}\right\}$

Seite 89 | Aufgabe 25

a) $\frac{2}{x+1}$; $D = \mathbb{Q}\backslash\{-1; 1\}$ b) $\frac{x+2}{x-2}$; $D = \mathbb{Q}\backslash\{2\}$ c) $\frac{1}{x-4}$; $D = \mathbb{Q}\backslash\{-4; 4\}$

Seite 89 | Aufgabe 26

a) $\frac{3x+9}{33x(x+3)} = \frac{3(x+3)}{33x(x+3)} = \frac{1}{11x}$; Vorgehensweise: Ausklammern von 3 im Zähler, kürzen
b) $\frac{x(x-2)}{4} = \frac{x^2\cdot(x-2)^2}{4x(x-2)}$; Vorgehensweise: Erweitern
c) $\frac{3(x+3x^2)\cdot(2-2x)}{(1+3x)(4x-2)} = \frac{3x(1+3x)(2-2x)}{(1+3x)2(2x-2)} = \frac{3x}{2}$; Vorgehensweise: Ausklammern von x im Zähler und 2 im Nenner, kürzen

Seite 89 | Aufgabe 27

a) $\frac{6}{2x}$
b) $\frac{4}{-x^2}$
c) $\frac{3x}{x^2}$
d) $\frac{3x}{2x^2}$
e) $\frac{x(x+2)}{(2+x)^2}$
f) $\frac{-(x+2)}{(x-2)(x+2)} = \frac{-2-x}{x^2-4}$
g) $\frac{2x(2-x)}{3(2+x)(2-x)} = \frac{2x(2-x)}{3(4-x^2)}$
h) $\frac{-2x(2-x)}{5(x-2)(2-x)} = \frac{2x(2-x)}{5(2-x)^2}$

Seite 90 | Aufgabe 28

a) $\frac{x+3}{x} = \frac{3x(x+3)}{3x^2}$ b) $\frac{x(x+1)}{2x} = \frac{3x^3(x+1)}{6x^3}$ c) $\frac{x+4}{2x} = \frac{x(x-2)(x+4)}{2x^2\cdot(x-2)}$

Seite 90 | Aufgabe 29

a) $\frac{3(x-2)+(x-2)^2}{3(x-2)} = \frac{3+(x-2)}{3} = \frac{1+x}{3}$; Vorgehensweise: Kürzen und zusammenfassen
b) $\frac{2x-2}{3(x+1)(x-1)} = \frac{2(x-1)}{3(x+1)(x-1)} = \frac{2}{3(x+1)}$; Vorgehensweise: Ausklammern und kürzen
c) $\frac{2(3x-6)}{3(4-2x)^2} = \frac{-6(2-x)}{3\cdot 2^2\cdot(2-x)^2} = -\frac{1}{2(2-x)}$; Vorgehensweise: Ausklammern, kürzen und zusammenfassen
d) $\frac{4x\cdot(2-x)^2}{3(2x^2-4x)} = \frac{4x(2-x)^2}{-3\cdot 2x\cdot(2-x)} = -\frac{2(2-x)}{3}$; Vorgehensweise: Ausklammern und kürzen

Seite 90 | Aufgabe 30

Die Preise können so nicht addiert werden, denn mischt man 1 kg Rindfleisch und 1 kg Schweinefleisch, so erhält man 2 kg Gulasch. Der Preis beträgt also $\frac{1}{2}\cdot\left(4{,}50\ \frac{€}{kg} + 6{,}50\ \frac{€}{kg}\right) = 5{,}50\ \frac{€}{kg}$.

Seite 90 | Aufgabe 31

Die Durchschnittsgeschwindigkeit bei einem Lauf beträgt $v = \frac{s}{t_2-t_1}$. Die Durchschnittsgeschwindigkeit von n Läufen erhält man, indem man die Geschwindigkeiten addiert und durch n teilt:
$\bar{v} = \frac{1}{n}\cdot(v_1 + v_2 + \cdots v_2)$

Seite 90 | Aufgabe 32

Verbrauch auf 100 km: $b = \frac{B}{s_2-s_1}\cdot 100$

Seite 90 | Aufgabe 33

a) $x \mapsto \frac{1}{x+1} - 2$ b) $x \mapsto \frac{1}{x-2} + 1$ c) $x \mapsto -\frac{1}{x+2} - 1$

Seite 90 | Aufgabe 34

a) $\frac{x+2}{x^2} - \frac{4x}{x+1} - \frac{2-x}{x^2} + \frac{5x+1}{x+1} = \frac{2x}{x^2} + \frac{x+1}{x+1} = \frac{2}{x} + 1 = \frac{2+x}{x}$
Vorgehensweise: Man addiert zunächst die Brüche mit gleichem Nenner.
b) $\frac{3-x}{x+3} + \frac{2x-2}{x-3} - \frac{x}{x+3} + \frac{2-x}{x-3} = \frac{3-2x}{x+3} + \frac{x}{x-3} = \frac{(3-2x)(x-3)}{(x+3)(x-3)} + \frac{x(x+3)}{(x+3)(x-3)} = \frac{-x^2+12x-9}{(x+3)(x-3)}$
Vorgehensweise: Man addiert zunächst die Brüche mit gleichem Nenner.
c) $\frac{2x-2}{3x^2-3} + \frac{1-x}{2-2x^2} = \frac{2x-2}{3(x^2-1)} + \frac{1-x}{-2(x^2-1)} = \frac{4x-4}{6(x^2-1)} - \frac{3-3x}{6(x^2-1)} = \frac{7x-7}{6(x^2-1)} = \frac{7(x-1)}{6(x^2-1)}$
Vorgehensweise: Man formt die Nenner zunächst so um, dass sich ein einfacher Hauptnenner ergibt.
d) $\frac{9x-3x^2}{x(x-3)} - \frac{2x(x-1)}{x^2-x} = \frac{3x(3-x)}{-x(3-x)} - \frac{2x(x-1)}{x(x-1)} = -3 - 2 = -5$
Vorgehensweise: Man kürzt jeden der Summanden zunächst einzeln.

Seite 90 | Aufgabe 35

Es ist $\frac{1}{n} - \frac{1}{n+1} = \frac{n+1}{n(n+1)} - \frac{n}{n(n+1)} = \frac{1}{n(n+1)}$

Damit kann man die gegebene Summe umschreiben:

$\frac{1}{1\cdot 2} + \frac{1}{2\cdot 3} + \frac{1}{3\cdot 4} + \frac{1}{4\cdot 5} + \cdots + \frac{1}{n\cdot(n+1)} = \left(\frac{1}{1} - \frac{1}{2}\right) + \left(\frac{1}{2} - \frac{1}{3}\right) + \left(\frac{1}{3} - \frac{1}{4}\right) + \left(\frac{1}{4} - \frac{1}{5}\right) + \cdots + \left(\frac{1}{n} - \frac{1}{n+1}\right)$

In allen Klammern gilt nun: Der zweite Teil einer Klammer und der erste Teil der nächsten Klammer heben sich auf. Man erhält :

$\frac{1}{1} - \frac{1}{n+1} = \frac{n+1}{n+1} - \frac{1}{n+1} = \frac{n}{n+1}$

Wenn n eine natürliche Zahl ist, dann ist der Nenner immer größer als der Zähler und der Bruch damit kleiner als 1.

Seite 90 | Aufgabe 36

a) $\frac{2p+q}{(p-q)^2} + \frac{2p-q}{(p+q)^2} - \frac{4p}{(p+q)(p-q)} = \frac{(2p+q)(p+q)^2}{(p-q)^2(p+q)^2} + \frac{(2p-q)(p-q)^2}{(p-q)^2(p+q)^2} - \frac{4p(p+q)(p-q)}{(p-q)^2(p+q)^2} = \frac{12pq^2}{(p-q)^2(p+q)^2}$

b) $\frac{1{,}5-x}{x(1-x)} + \frac{x}{x+1} - \frac{3}{2x} + \frac{0{,}5-1{,}5x}{(1-x)(1+x)} = \frac{(1{,}5-x)(1+x)}{x(1+x)(1-x)} + \frac{x^2(1-x)}{x(1+x)(1-x)} - \frac{1{,}5x(1+x)(1-x)}{x(1+x)(1-x)} + \frac{(0{,}5-1{,}5x)x}{x(1+x)(1-x)} = \frac{x(1-x^2)}{x(1+x)(1-x)} = 1$

4.2 Multiplikation und Division von Bruchtermen

Seite 91 | Einstieg

a) $x = 1$: $1^2 \cdot 2 \cdot \frac{3}{1} = 6$; $2 \cdot 1^2 + 4 \cdot 1 = 6$

$x = 2$: $2^2 \cdot 2 \cdot \frac{4}{2} = 16$; $2 \cdot 2^2 + 4 \cdot 2 = 16$

$x = 5$: $5^2 \cdot 2 \cdot \frac{7}{5} = 70$; $2 \cdot 5^2 + 4 \cdot 5 = 70$

$x = -1$: $(-1)^2 \cdot 2 \cdot \frac{1}{-1} = -2$; $2 \cdot (-1)^2 + 4 \cdot (-1) = -2$

Die Terme scheinen gleichwertig zu sein.

b) Der Taschenrechner kürzt vermutlich zunächst durch x und rechnet dann die Klammern aus.

Seite 93 | Aufgabe 1

a) $\frac{6}{x^2}$ b) $\frac{3}{2}$ c) 6 d) 6

Seite 93 | Aufgabe 2

a) $\frac{3}{2}$ b) $\frac{3x}{2}$ c) $\frac{x+1}{2x}$ d) $\frac{x(x+1)}{18}$

Seite 93 | Aufgabe 3

a) $\frac{3(x+1)}{x^2}$; $D = \mathbb{Q}\setminus\{0\}$

b) $\frac{3x}{2}$; $D = \mathbb{Q}$

c) $\frac{3(x-1)}{3x(x+2)}$; $D = \mathbb{Q}\setminus\{0; -2\}$

d) $\frac{x(x+2)}{x-1}$; $D = \mathbb{Q}\setminus\{1\}$

e) $\frac{3(x+3)}{x(x+1)}$; $D = \mathbb{Q}\setminus\{0; -1\}$

f) $\frac{3(x+1)}{(x+3)^2}$; $D = \mathbb{Q}\setminus\{-3\}$

g) $\frac{2x^3}{3(x^2-9)}$; $D = \mathbb{Q}\setminus\{-3; 3\}$

h) $\frac{2(x+3)}{3x(x-1)}$; $D = \mathbb{Q}\setminus\{0;1\}$

Seite 93 | Aufgabe 4

a) $\frac{3}{x+1} \cdot \frac{x+1}{x} = \frac{3}{x}$

b) $\frac{x+1}{3} \cdot \frac{3x}{x+1} = x$

c) $\frac{3}{x+1} : \frac{3x}{x+1} = \frac{1}{x}$

d) $\frac{3x}{x+1} : \frac{x}{x+1} = 3$

e) $\frac{x+1}{3x} \cdot \frac{3x}{x+1} = 1$

f) $\frac{3x}{x+1} \cdot \frac{3(x+1)}{x} = 9$

g) $\frac{x+1}{3} : \frac{x+1}{x} = \frac{x}{3}$

h) $\frac{x+1}{3x} : \frac{3(x+1)}{x} = \frac{1}{9}$

Seite 93 | Aufgabe 5

a) $\frac{x+3}{2x} \cdot \frac{6}{x} = \frac{3(x+3)}{x^2}$; $D = \mathbb{Q}\setminus\{0\}$

b) $\frac{2x+6}{5} \cdot \frac{15x}{x+3} = \frac{2(x+3)}{5} \cdot \frac{15x}{x+3} = 6x$; $D = \mathbb{Q}$

c) $\frac{6x^2}{x-3} : \frac{2x}{x+2} = \frac{6x^2}{x-3} \cdot \frac{x+2}{2x} = \frac{3x(x+2)}{x-3}$; $D = \mathbb{Q}\setminus\{3\}$

d) $\frac{3x}{x-1} : \frac{3}{x+2} = \frac{3x}{x-1} \cdot \frac{x+2}{3} = \frac{x(x+2)}{x-1}$; $D = \mathbb{Q}\setminus\{1\}$

e) $\frac{4x+4}{9x^2} \cdot \frac{3x+3}{2x+4} \cdot \frac{3x}{x+1} = \frac{4(x+1)}{9x^2} \cdot \frac{3(x+1)}{2(x+2)} \cdot \frac{3x}{x+1} = \frac{2(x+1)}{x(x+2)}$; $D = \mathbb{Q}\setminus\{-2\}$

f) $\frac{2{,}5x^2}{3x+6} \cdot \frac{3(x+1)}{x(x+2)} \cdot \frac{4x+4}{5x} = \frac{2{,}5x^2}{3(x+2)} \cdot \frac{3(x+1)}{x(x+2)} \cdot \frac{4(x+1)}{5x} = \frac{2(x+1)^2}{(x+2)^2}$; $D = \mathbb{Q}\setminus\{-2\}$

g) $\frac{x}{4x+8} : \frac{3(x-3)}{2x^2} = \frac{x}{4(x+2)} \cdot \frac{2x^2}{3(x-3)} = \frac{x^3}{6(x+2)(x-3)}$; $D = \mathbb{Q}\setminus\{-2; 3\}$

h) $\frac{3x+3}{x^2} : \frac{3(x-3)}{2x} = \frac{3(x+1)}{x^2} \cdot \frac{2x}{3(x-3)} = \frac{2(x+1)}{x(x-3)}$; $D = \mathbb{Q}\setminus\{3\}$

individuelle Lösungen für die Vorgehensweise

Seite 93 | Aufgabe 6

a) $\frac{x-2}{2x} \cdot \frac{3}{2x} = \frac{3x-6}{4x^2}$

b) $\frac{2}{x-2} \cdot \frac{x-2}{x} = \frac{2}{x}$

c) $\frac{x+1}{2x} \cdot \frac{2(x-1)}{x} = \frac{x^2-1}{x^2}$

d) $\frac{x-3}{2x^2} \cdot \frac{2x}{x-3} = \frac{1}{x}$

Seite 93 | Aufgabe 7

a) 2

b) $\frac{25}{x^2}$

c) $\frac{3}{2x}$

d) $-\frac{1}{x}$

e) 3x

f) 5

g) 2

h) $\frac{4}{x+1}$

Seite 93 | Aufgabe 8

a) $\left(\frac{1}{x} + 1\right) \cdot \frac{2}{x+2} = \frac{1+x}{x} \cdot \frac{2}{x+2} = \frac{2(1+x)}{x(x+2)}$; $D = \mathbb{Q}\setminus\{0;-2\}$

b) $\left(1 - \frac{1}{x}\right) \cdot \frac{1}{x-1} = \frac{x-1}{x} \cdot \frac{1}{x-1} = \frac{1}{x}$; $D = \mathbb{Q}\setminus\{0; 1\}$

c) $\left(\frac{1}{x+2} + 2\right) : \frac{1}{x^2} = \frac{2x+5}{x+2} \cdot \frac{x^2}{1} = \frac{x^2(2x+5)}{x+2}$; $D = \mathbb{Q}\setminus\{-2; 0\}$

d) $\frac{2}{x^2} \cdot \left(\frac{4}{x+2} - 2\right) = \frac{2}{x^2} \cdot \frac{-2x}{x+2} = \frac{-4}{x(x+2)}$; $D = \mathbb{Q}\setminus\{0; -2\}$

e) $1 + \frac{2}{x} : \frac{2x}{x-1} = 1 + \frac{2}{x} \cdot \frac{x-1}{2x} = \frac{x^2+x-1}{x^2}$; $D = \mathbb{Q}\setminus\{0; 1\}$

f) $\frac{3x}{x+1} - 1 : \frac{3}{x} = \frac{3x}{x+1} - \frac{x}{3} = \frac{8x-x^2}{3(x+1)}$; $D = \mathbb{Q}\setminus\{-1; 0\}$

g) $\frac{2}{x} : \left(\frac{2}{x+2} - \frac{1}{x}\right) = \frac{2}{x} \cdot \frac{x(x+2)}{x-2} = \frac{2(x+2)}{x-2}$; $D = \mathbb{Q}\setminus\{-2; 2\}$

h) $\left(\frac{3}{x+3} - \frac{2}{x}\right) : \frac{1}{x} = \frac{x-6}{x(x+3)} \cdot \frac{x}{1} = \frac{x-6}{x+3}$; $D = \mathbb{Q}\setminus\{-3; 0\}$

Seite 94 | Aufgabe 9

a) $\frac{2}{x+2} \cdot \frac{x^2-4}{x} = \frac{2}{x+2} \cdot \frac{(x+2)(x-2)}{x} = \frac{2(x-2)}{x}$; $D = \mathbb{Q}\setminus\{0;-2\}$

b) $\frac{3}{x-1} : \frac{3x}{x^2-1} = \frac{3}{x-1} \cdot \frac{(x+1)(x-1)}{3x} = \frac{x+1}{x}$; $D = \mathbb{Q}\setminus\{-1;0;1\}$

c) $\frac{x^2-6x+9}{x^2} \cdot \frac{3x}{x-3} = \frac{(x-3)^2}{x^2} \cdot \frac{3x}{x-3} = \frac{3(x-3)}{x}$; $D = \mathbb{Q}\setminus\{0;3\}$

Seite 94 | Aufgabe 10

a) 1. Art: $\left(\frac{2}{x}+\frac{5}{x}\right)\cdot\frac{x}{7}=\frac{7}{x}\cdot\frac{x}{7}=1$

2. Art: $\left(\frac{2}{x}+\frac{5}{x}\right)\cdot\frac{x}{7}=\frac{2}{x}\cdot\frac{x}{7}+\frac{5}{x}\cdot\frac{x}{7}=\frac{2}{7}+\frac{5}{7}=\frac{7}{7}=1$

b) 1. Art: $\left(\frac{1}{x}+\frac{2-x}{x^2}\right)\cdot\frac{x^2}{2}=\frac{2}{x^2}\cdot\frac{x^2}{2}=1$

2. Art: $\left(\frac{1}{x}+\frac{2-x}{x^2}\right)\cdot\frac{x^2}{2}=\frac{1}{x}\cdot\frac{x^2}{2}+\frac{2-x}{x^2}\cdot\frac{x^2}{2}=\frac{x}{2}+\frac{2-x}{2}=\frac{x+2-x}{2}=\frac{2}{2}=1$

c) 1. Art: $\left(\frac{x}{x+2}+\frac{x-3}{x+3}\right):\frac{x}{x+3}=\frac{2x^2+2x-6}{(x+2)(x+3)}\cdot\frac{x+3}{x}=\frac{2x^2+2x-6}{x(x+2)}$

2. $\left(\frac{x}{x+2}+\frac{x-3}{x+3}\right):\frac{x}{x+3}=\frac{x}{x+2}\cdot\frac{x+3}{x}+\frac{x-3}{x+3}\cdot\frac{x+3}{x}=\frac{x+3}{x+2}+\frac{x-3}{x}=\frac{2x^2+2x-6}{x(x+2)}$

d) 1. Art: $\left(\frac{x}{x-3}+2\right):\frac{x}{x-3}=\frac{3x-6}{x-3}\cdot\frac{x-3}{x}=\frac{3x-6}{x}$

2. Art: $\left(\frac{x}{x-3}+2\right):\frac{x}{x-3}=\frac{x}{x-3}\cdot\frac{x-3}{x}+2\cdot\frac{x-3}{x}=1+\frac{2x-3}{x}=\frac{3x-6}{x}$

Seite 94 | Aufgabe 11

a) $\frac{4x}{(x+3)^2}\cdot\frac{x-5}{3x}\cdot\frac{x+3}{2}=\frac{4}{x+3}\cdot\frac{x-5}{3}\cdot\frac{1}{2}=\frac{2(x-5)}{3(x+3)}$; also muss mit $\frac{3(x+3)}{2(x-5)}$ multipliziert werden, um 1 zu erhalten.

b) $\frac{x+3}{2x-4}\cdot\frac{2x+6}{x-3}\cdot\frac{x-2}{x+3}=\frac{1}{2}\cdot\frac{2(x+3)}{x-3}\cdot\frac{1}{1}=\frac{x+3}{x-3}$; also muss mit $\frac{x-3}{x+3}$ multipliziert werden, um 1 zu erhalten.

c) $x^2\cdot\left(\frac{1}{x}-\frac{x+2}{x^2}\right)=x^2\cdot\frac{-2}{x^2}=-2$; also muss mit $-\frac{1}{2}$ multipliziert werden, um 1 zu erhalten.

d) $\left(\frac{x+3}{x}+\frac{x+3}{2-x}\right)\cdot\frac{x(2-x)}{x+3}=\frac{2(x+3)}{x(2-x)}\cdot\frac{x(2-x)}{x+3}=2$; also muss mit $\frac{1}{2}$ multipliziert werden, um 1 zu erhalten.

Seite 94 | Aufgabe 12

Sven hat in der zweiten Zeile die Regel „Punkt-vor-Strichrechnung" nicht beachtet. Richtig ist:

$\frac{2x}{x+1}+1:\frac{2}{x}=\frac{2}{x+1}+\frac{x}{2}=\frac{2\cdot 2}{2(x+2)}+\frac{x(x+2)}{2(x+2)}=\frac{4+x^2+2x}{2(x+2)}$

Seite 94 | Aufgabe 13

a) $\frac{4}{x+3}\cdot\frac{x-5}{3x}\cdot\frac{x+3}{2}=\frac{2}{1}\cdot\frac{x-5}{3x}\cdot\frac{1}{1}=\frac{x-5}{3x}$; man kann umfangreich kürzen.

b) $\frac{x+3}{x^2-4}\cdot\frac{x+2}{x-3}\cdot\frac{x^2-4}{x+3}=\frac{1}{1}\cdot\frac{x+2}{x-3}\cdot\frac{1}{1}=\frac{x+2}{x-3}$: Man kann den ersten und den dritten Bruch gegeneinander kürzen.

c) $x^2\cdot\left(\frac{1}{x}-\frac{x-2}{x^2}\right)=x^2\cdot\frac{2}{x^2}=2$: Wenn man die Klammer berechnet, kann man danach umfangreich kürzen.

Seite 94 | Aufgabe 14

a) $\frac{2x(xy-5y)(3x+9)}{3y(xy+3y)}$; $D=\mathbb{Q}\setminus\{y=0;\ x=-3\}$

b) $\frac{2x}{x^2-9}:\left(\frac{x+2}{x-3}-\frac{x-2}{x+3}\right)=\frac{2x}{x^2-9}:\frac{10x}{(x-3)(x+3)}=\frac{2x}{x^2-9}\cdot\frac{x^2-9}{10x}=\frac{1}{5}$; $D=\mathbb{Q}\setminus\{-3;\ 3\}$

c) $\frac{x^2}{x-2}\cdot\left(\frac{1}{2x}+\frac{x-4}{2x^2}\right)=\frac{x^2}{x-2}\cdot\frac{2x-4}{2x^2}=\frac{2(x-2)}{(x-2)2}=1$; $D=\mathbb{Q}\setminus\{0;\ 2\}$

d) $\left(\frac{2-x}{x}-\frac{2-x}{x+2}\right)\cdot\frac{3x^2+6x}{x-2}=\frac{4-2x}{x(x+2)}\cdot\frac{3x(x+2)}{x-2}=\frac{-6(x-2)}{x-2}=-6$; $D=\mathbb{Q}\setminus\{-2{:}0;\ 2\}$

Seite 94 | Aufgabe 15

a) $\frac{\frac{1}{a+1}+\frac{1}{a-1}}{\frac{1}{a-1}-\frac{1}{a+1}}=\frac{\frac{2a}{(a+1)(a-1)}}{\frac{2}{(a-1)(a+1)}}=\frac{2a}{2}=a$

b) $\frac{\frac{x}{y}-\frac{y}{x}}{\frac{x}{y}+\frac{y}{x}-2}=\frac{\frac{x^2-y^2}{xy}}{\frac{x^2+y^2-2xy}{xy}}=\frac{x^2-y^2}{x^2-2xy+y^2}=\frac{(x+y)(x-y)}{(x-y)^2}=\frac{x+y}{x-y}$

c) $\frac{\frac{2a-3b}{2a+3b}+\frac{2a+3b}{2a-3b}}{\frac{2a+3b}{2a-3b}-\frac{2a-3b}{2a+3b}}=\frac{\frac{(2a-3b^2+(2a+3b)^2}{(2a+3b)(2a-3b)}}{\frac{(2a-3b^2-(2a+3b)^2}{(2a+3b)(2a-3b)}}=\frac{(2a-3b^2+(2a+3b)^2}{(2a-3b^2-(2a+3b)^2}=\frac{2\cdot(2a)^2+2\cdot(3b)^2}{4\cdot 2a\cdot 3b}=\frac{4a^2+9b^2}{12ab}$

4.3 Lösen von Bruchgleichungen

Seite 95 | Einstieg

Eine Differenz ist nur dann null, wenn die Brüche gleichnamig gemacht sind und dann die Differenz der Zähler null ist.

Zweite Gleichung: $\frac{2}{x+1}-\frac{x+1}{x+1}=0$ für $x=1$

Dritte Gleichung: $\frac{3}{x+2}-\frac{x+1}{x+2}=0$ für $x=2$

Seite 98 | Aufgabe 1

a) Bruchgleichung, da die Variable x im Nenner vorkommt; $D=\mathbb{Q}\setminus\{0\}$
b) keine Bruchgleichung, die Variable x taucht nur über dem Bruchstrich auf, $D=\mathbb{Q}$
c) Bruchgleichung, da die Variable x im Nenner vorkommt; $D=\mathbb{Q}\setminus\{-2\}$
d) Bruchgleichung, da die Variable x im Nenner vorkommt; $D=\mathbb{Q}\setminus\{0;\ -2\}$

Seite 98 | Aufgabe 2

a) $D=\mathbb{Q}\setminus\{0\}$; $L=\{3\}$	d) $D=\mathbb{Q}\setminus\{-2\}$; $L=\{0\}$	g) $D=\mathbb{Q}\setminus\{-0{,}5\}$; $L=\{1{,}5\}$	j) $D=\mathbb{Q}\setminus\{-3\}$; $L=\{\}$
b) $D=\mathbb{Q}\setminus\{0\}$; $L=\{\}$	e) $D=\mathbb{Q}\setminus\{0\}$; $L=\{-2\}$	h) $D=\mathbb{Q}\setminus\{0\}$; $L=\{2\}$	k) $D=\mathbb{Q}\setminus\{-3;\ 3\}$; $L=\{\}$
c) $D=\mathbb{Q}\setminus\{7\}$; $L=\{0\}$	f) $D=\mathbb{Q}\setminus\{5\}$; $L=\{10\}$	i) $D=\mathbb{Q}\setminus\{1\}$; $L=\{4\}$	l) $D=\mathbb{Q}\setminus\{2\}$; $L=\{9\}$

individuelle Lösungen für die Vorgehensweise

Man löst nach x auf oder vergleicht die Nenner. Die so gefundene Lösung muss Teil der Definitionsmenge sein.

Seite 98 | Aufgabe 3

a) $L=\{3\}$	c) $L=\{-3\}$	e) $L=\{3\}$	g) $L=\{-3\}$
b) $L=\{0\}$	d) $L=\{\}$	f) $L=\left\{-\frac{1}{3}\right\}$	h) $L=\mathbb{Q}\setminus\{3\}$

Seite 98 | Aufgabe 4

a) Die senkrechte Asymptote entspricht dem x-Wert der Definitionslücke, die waagrechte Asymptote dem y-Wert für sehr große und sehr kleine x. Gleichungen: $x = -3$; $y = 3$.

b) $\frac{2}{x+3} + 3 = \frac{2}{x+3} + \frac{3(x+3)}{x+3} = \frac{3x+11}{x+3}$

Setzt man nun den Zähler gleich null, dann erhält man für die Nullstelle $x = -3\frac{2}{3}$.

Seite 99 | Aufgabe 5

a) $f(x) = -\frac{1}{x} + 2 = 0$ für $x = \frac{1}{2}$

b) $g(x) = \frac{x}{x+1} = 0$ für $x = 0$

c) $h(x) = -\frac{1}{x-1}$ hat keine Nullstelle

d) $k(x) = \frac{3}{x} - 2 = 0$ für $x = \frac{3}{2}$

Seite 99 | Aufgabe 6

a) Schnittpunkte: $P\left(0\middle|-\frac{1}{2}\right)$; kein Schnittpunkt mit der x-Achse; Asymptoten: $x = 2$; $y = 0$

b) Schnittpunkte: $Q(2|0)$; kein Schnittpunkt mit der y-Achse; Asymptoten: $x = 0$; $y = -\frac{1}{2}$

c) Schnittpunkte: $P\left(0\middle|\frac{1}{2}\right)$; $Q(1|0)$; Asymptoten: $x = -1$; $y = -\frac{1}{2}$

d) Schnittpunkte: $P\left(0\middle|-\frac{3}{2}\right)$; $Q\left(-\frac{3}{2}\middle|0\right)$; Asymptoten: $x = -2$; $y = -2$

Seite 99 | Aufgabe 7

a) $f(x) = \frac{1}{x} + 2$

b) $f(x) = \frac{1}{x} - 1$

c) $f(x) = \frac{1}{x+2} - 1$

Seite 99 | Aufgabe 8

a) Schnittstelle der Funktionen $f(x) = \frac{1}{x}$ und $g(x) = \frac{1}{2}$.

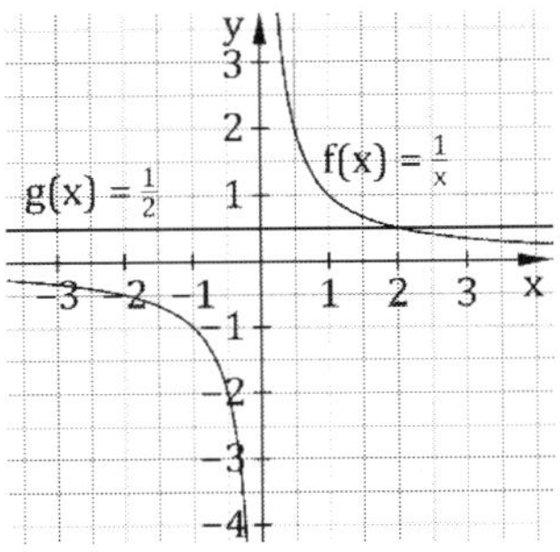

b) Nullstelle der Funktionen $f(x) = \frac{1}{x} - 2$

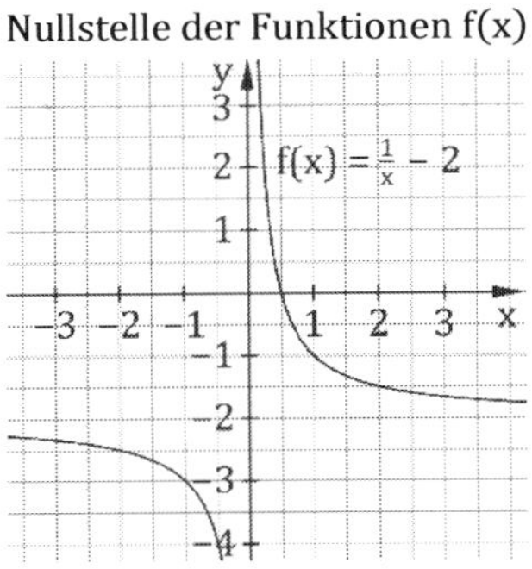

c) Schnittstelle der Funktionen $f(x) = \frac{2}{x}$ und $g(x) = \frac{1}{x+2}$.

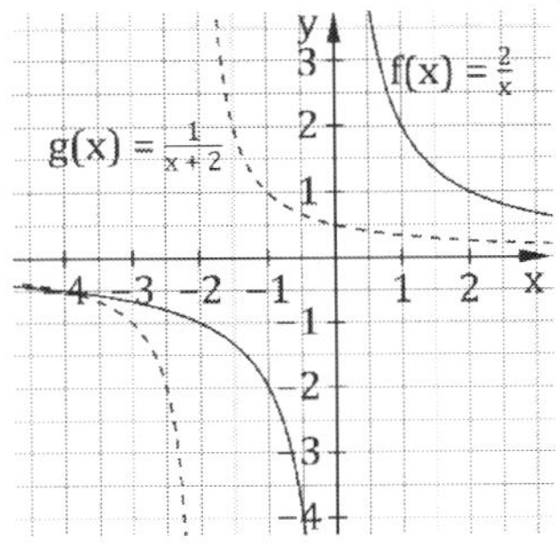

d) Schnittstellen der Funktionen $f(x) = \frac{3}{x} - 4$ und $g(x) = \frac{2}{x+2}$.

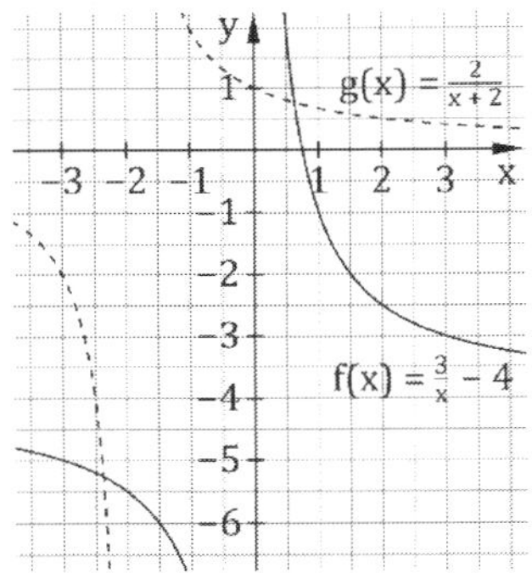

Seite 99 | Aufgabe 9

Um einen Schnittpunkt zweier Funktionen zu bestimmen, werden die Gleichungen gleichgesetzt. Hat diese so entstandene Gleichung keine Lösung, so gibt es keinen Schnittpunkt. Hier ergibt sich:

a) $\frac{3}{x-1} = \frac{2}{x-1} \quad | \cdot (x-1)$

$3 = 2$: keine Lösung

b) $\frac{2}{x+3} + 1 = 1 \quad | -1$

$\frac{2}{x+3} = 0$: keine Lösung

Seite 99 | Aufgabe 10

a) $D = \mathbb{Q}\setminus\{0; 2\}$; $L = \{-4\}$

b) $D = \mathbb{Q}\setminus\{-2; 3\}$; $L = \left\{\frac{6}{7}\right\}$

c) $D = \mathbb{Q}\setminus\{-1; 1\}$; $L = \{-5\}$

d) $D = \mathbb{Q}\setminus\{0; 3\}$; $L = \{9\}$

e) $D = \mathbb{Q}\setminus\{-2\}$; $L = \{0{,}4\}$

f) $D = \mathbb{Q}\setminus\{2\}$; $L = \left\{8\frac{2}{3}\right\}$

g) $D = \mathbb{Q}\setminus\{-2; 2{,}5\}$; $L = \{16\}$

h) $D = \mathbb{Q}\setminus\{-2; 2\}$; $L = \{0\}$

i) $D = \mathbb{Q}\setminus\{0; 3\}$; $L = \{-9\}$

Seite 99 | Aufgabe 11

a) $P(0|0)$

b) $P\left(0\middle|\frac{1}{6}\right)$; $Q(1|0)$

c) $P(0|2)$; $Q(-2|0)$

d) $P(0|0{,}7)$; $Q(7|0)$

e) $P\left(0\middle|-\frac{1}{2}\right)$; $Q\left(\frac{3}{2}\middle|0\right)$

f) kein Schnittpunkt mit der y-Achse; $Q(3{,}5|0)$

Seite 100 | Aufgabe 12

a) $f(x) = \frac{1}{x+2}$; $g(x) = -\frac{1}{x}$; Schnittstellen: $\frac{1}{x+2} = -\frac{1}{x}$ für x = -1, also $S(-1|1)$

b) $f(x) = \frac{1}{x+1}$; $g(x) = -\frac{1}{x-2}$; Schnittstellen: $\frac{1}{x+1} = -\frac{1}{x-2}$ für x = $\frac{1}{2}$, also $S\left(\frac{1}{2}\middle|\frac{2}{3}\right)$

Seite 100 | Aufgabe 13

a) $D = \mathbb{Q}\setminus\{0\}$; $L = \{1{,}5\}$

b) $D = \mathbb{Q}\setminus\{0\}$; $L = \{-1{,}4375\}$

c) $D = \mathbb{Q}\setminus\{0\}$; $L = \{2\}$

d) $D = \mathbb{Q}\setminus\{0\}$; $L = \left\{\frac{6}{7}\right\}$

e) $D = \mathbb{Q}\setminus\{0\}$; $L = \{-0{,}5\}$

f) $D = \mathbb{Q}\setminus\{0\}$; $L = \left\{\frac{5}{39}\right\}$

Seite 100 | Aufgabe 14

a) $D = \mathbb{Q}\setminus\{-1; 2\}$; $L = \{-0{,}5\}$

b) $D = \mathbb{Q}\setminus\{-2; -1\}$; $L = \{\}$

c) $D = \mathbb{Q}\setminus\left\{-3; \frac{1}{3}\right\}L = \{2\}$

d) $D = \mathbb{Q}\setminus\{0; 1\}$; $L = \{2\}$

e) $D = \mathbb{Q}\setminus\{0, 1\}$; $L = \{1{,}5\}$

f) $D = \mathbb{Q}\setminus\left\{-\frac{1}{2}; 0\right\}$; $L = \{4\}$

g) $D = \mathbb{Q}\setminus\{-1; 0\}$; $L = \{-0{,}25\}$

h) $D = \mathbb{Q}\setminus\{1\}$; $L = \{-6\}$

i) $D = \mathbb{Q}\setminus\{0; 3\}$; $L = \{-3\}$

Seite 100 | Aufgabe 15

a) $\frac{1}{x+2} = \frac{2}{x+1}$: $L = \{-3\}$; $S(-3|-1)$

b) $\frac{x-2}{x+2} = \frac{x+3}{x+1}$: $L = \left\{-\frac{4}{3}\right\}$; $S\left\{-\frac{4}{3}\middle|-5\right\}$

c) $\frac{-1}{x+2} = \frac{1}{x-2}$: $L = \{0\}$; $S\left\{0\middle|-\frac{1}{2}\right\}$

d) $\frac{x-1}{x} = \frac{x}{x-1}$: $L = \left\{\frac{1}{2}\right\}$; $S\left\{\frac{1}{2}\middle|-1\right\}$

e) $\frac{x-1}{x} = \frac{2}{x} - 2$: $L = \{1\}$; $S\{1|0\}$

f) $\frac{3}{2x-5} = \frac{2}{2x-5} + 1$: $L = \{3\}$; $S\{3|3\}$

Seite 100 | Aufgabe 16

a) Fehler: Auf der rechten Seite der Gleichung wurde der zweite Summand nicht mit x multipliziert. Richtig ist:

$\frac{x-1}{x} = \frac{2}{x} - 2 \quad | \cdot x$

$x - 1 = 2 - 2x \quad | + 2x; + 1$

$3x = 3$

$x = 1$

b) Fehler: Auf der rechten Seite der Gleichung wurde der erste Summand vergessen. Richtig ist:

$\frac{2x-3}{x-1} = \frac{1}{x-1} - 6 \quad | \cdot (x-1)$

$2x - 3 = 1 - 6(x-1)$

$2x - 3 = 1 - 6x + 6 \quad | + 6x; + 3$

$8x = 10$

$x = 1{,}25$

Seite 100 | Aufgabe 17

a) $\frac{3}{2x} - \frac{7}{3} = \frac{1{,}5}{x} \quad | \cdot 2x$

$3 - \frac{14}{3}x = 3 \quad | - 3$

$\frac{14}{3}x = 0$

$x = 0$

Da 0 aber nicht zur Definitionsmenge der Ausgangsgleichung gehört, ist die Lösungsmenge leer: L = {}.

b) $3 - \frac{2x+1}{4x} = \frac{5x-0{,}5}{2x} \quad | \cdot 4x$

$12x - (2x + 1) = 10x - 1 \quad | - 10x$

$-1 = -1$

Diese Gleichung ist immer erfüllt und es ist $L = \mathbb{Q}$.

c) $\frac{3x}{x^2-x} - \frac{9}{3x-3} = 0 \quad |$

$\frac{3x}{x(x-1)} - \frac{9}{3(x-1)} = 0 \quad | \cdot (x-1)$

$3 - 3 = 0$

Diese Gleichung ist immer erfüllt und es ist $L = \mathbb{Q}$.

Seite 101 | Aufgabe 18

Es waren x Gäste geplant, dann hätte es pro Gast $\frac{20}{x}$ Bratwürste gegeben. Nun sind x – 6 Gäste gekommen, die zweieinhalbmal so viele Bratwürste bekommen:

$\frac{20}{x-6} = 2{,}5 \cdot \frac{20}{x}$; Lösung: x = 10, also 10 Gäste geplant, 10 – 6 = 4 gekommen.

Es sind 4 Gäste zu der Grillparty gekommen.

Seite 101 | Aufgabe 19

Es waren x Personen geplant, x + 2 bekommen nun noch 80 % der geplanten Pizza:

$\frac{40}{x+2} = 0{,}8 \cdot \frac{40}{x}$; Lösung: x = 8, also 8 Personen geplant, 8 + 2 = 10 anwesend.

Bei der Geburtstagsparty sind 10 Personen anwesend.

Seite 101 | Aufgabe 20

a) Den rot gefärbten Anteil schafft Alois in einer Stunde, den blauen sein Sohn. Beide zusammen haben also nach einer Stunde $\frac{5}{6}$ der Wiese gemäht. Das Fragezeichen symbolisiert die Zeit, die beide zusammen für den Rest brauchen.
In einer Stunde sind $\frac{1}{2}+\frac{1}{3}=\frac{5}{6}$ der Wiese gemäht. Es fehlt also noch $\frac{1}{6}$ der Wiese oder $\frac{1}{5}$ des schon gemähten Teils. Dafür wird dann auch $\frac{1}{5}$ der schon vergangenen Zeit benötigt, also $\frac{1}{5}$ einer Stunde, 12 Minuten.
Beide zusammen brauchen 1 Stunde und 12 Minuten für die Wiese.

b) $\frac{5}{6}$ der Wiese verhält sich zu 1 Stunde genauso wie $\frac{6}{6}$ der Wiese (also die Ganze) zu 1 Stunde plus x. Als Gleichung:
$\frac{\frac{5}{6}}{1}=\frac{1}{1+x}$; also $\frac{5}{6}=\frac{1}{1+x}$; Lösung: $x=\frac{1}{5}$.
Für die ganze Wiese benötigen Alois und Georg $1+\frac{1}{5}$ Stunden, also 1 Stunde und 12 Minuten.

Seite 101 | Aufgabe 21

a)

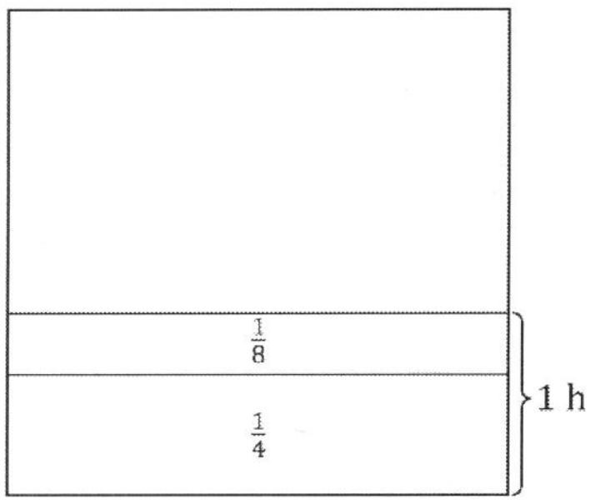

In einer Stunde sind $\frac{1}{4}+\frac{1}{8}=\frac{3}{8}$ des Beckens gefüllt. Es fehlen noch $\frac{5}{8}$ des Beckens oder $1\frac{1}{3}$ des schon gefüllten Teils. Dafür werden noch $1\frac{1}{3}$ der schon vergangenen Zeit benötigt, also 1 Stunde und 40 Minuten. Insgesamt braucht man zum Befüllen also 2 Stunden und 40 Minuten.

b) $\frac{1}{4}+\frac{1}{8}$ ist der Anteil des Beckens, das in einer Stunde gefüllt ist. Er verhält sich zu einer Stunde wie das gesamte Becken (1) zur gesamten Zeit x, die man insgesamt zum Befüllen braucht.
$\frac{1}{4}+\frac{1}{8}=\frac{1}{x}$; Lösung $x=\frac{8}{3}=2\frac{2}{3}$, also zwei Stunden und 40 Minuten.

Seite 101 | Aufgabe 22

x: Menge des Apfelsafts; $\frac{x}{x+1{,}4}=\frac{44}{100}$; Lösung: $x=1{,}1$
Gibt man 1,1 Liter Apfelsaft zu 1,4 Liter Wasser, so erhält man 2,5 Liter Schorle mit einem Apfelsaftanteil von 44 %.

Seite 101 | Aufgabe 23

a) $\frac{x+5}{x}=2$; Lösung: $x=5$
b) $\frac{1+x}{3+x}=\frac{3}{4}$; Lösung: $x=5$
c) $\frac{1+x}{2+x}=-\frac{1}{2}$; Lösung: $x=-\frac{4}{3}$
d) $\frac{1-x}{6-x}=\frac{1}{17}$; Lösung: $x=\frac{11}{16}$
e) $(2x-4)\cdot\frac{5}{x}=-18$; Lösung: $x=\frac{5}{7}$

Seite 102 | Aufgabe 24

Beispiellösungen:
a) $\frac{1}{x+1}=\frac{2}{3+x}$
b) $\frac{1}{x}=2$
c) $\frac{1}{x+1}=-\frac{1+x}{4}$

Seite 102 | Aufgabe 25

Da 2 nicht zur Definitionsmenge der Ausgangsgleichung gehört, kann es auch nicht Teil der Lösungsmenge sein. Die Lösungsmenge ist leer.

Seite 102 | Aufgabe 26

Beispiellösungen:
a) $f(x)=\frac{x-2}{x+1}$
b) $f(x)=\frac{2x}{x-1}+\frac{3}{x+1}$
c) $f(x)=\frac{(x-2)(x+3)}{x+1}$
d) $f(x)=\frac{1}{2x}$

Seite 102 | Aufgabe 27

a) $D=\mathbb{Q}\backslash\{0;1\}$; $L=\{\}$
b) $D=\mathbb{Q}\backslash\{1\}$; $L=\{-6\}$
c) $D=\mathbb{Q}\backslash\{2\}$; $L=\mathbb{Q}\backslash\{2\}$
d) $D=\mathbb{Q}\backslash\{0;0{,}5\}$; $L=\{\}$
e) $D=\mathbb{Q}\backslash\{0;-2\}$; $L=\{5\}$
f) $D=\mathbb{Q}\backslash\{0\}$; $L=\left\{-\frac{1}{2}\right\}$

Seite 102 | Aufgabe 28

Jenny kann durch geschicktes Umformen zu Beginn vermeiden, dass ein x^3 auftaucht:

$$\frac{3x}{x^2-3x}=\frac{3}{3x(3-x)}$$
$$\frac{3x}{-x(-x+3)}=\frac{3}{3x(3-x)} \quad |\cdot(3-x)$$
$$\frac{3x}{-x}=\frac{3}{3x}$$
$$-3=\frac{1}{x}$$
$$x=-\frac{1}{3}$$

Seite 102 | Aufgabe 29

a) $\frac{2}{6x+4} = \frac{1}{3x+2}$

$\frac{2}{2(3x+2)} = \frac{1}{3x+2}$

$1 = 1$

Die Graphen sind identisch.

b) $\frac{-1}{x+1} + \frac{1}{2} = \frac{1}{x} + \frac{1}{2}$

$\frac{-1}{x+1} = \frac{1}{x}$

$-x = x + 1$

$x = -\frac{1}{2}$; $S\left(-\frac{1}{2}\middle|-\frac{3}{2}\right)$

c) $\frac{1-x}{x-1} = \frac{x-2}{2-x}$

$\frac{1-x}{-(-x+1)} = \frac{x-2}{-(-2+x)}$

$-1 = -1$

Die Graphen sind identisch.

d) $\frac{1}{x-2} = \frac{-1}{x-2} + 1$

$\frac{1}{x-2} = \frac{-1+x-2}{x-2}$

$1 = x - 3$

$x = 4$; $S(4|0{,}5)$

Seite 102 | Aufgabe 30

$\frac{2x}{3x} = \frac{3}{4}$

Auf der linken Seite kann man x kürzen und erhält so $\frac{2}{3} = \frac{3}{4}$. Diese Gleichung ist falsch und es gibt kein solches x.

Seite 102 | Aufgabe 31

In der Urne sind x Kugeln. Wahrscheinlichkeit für das Ziehen einer roten Kugel: $\frac{7}{x}$; einer blauen Kugel: $\frac{x-7}{x}$. Also:

$\frac{7}{x} = \frac{7}{6} \cdot \frac{x-7}{x}$; Lösung: $x = 13$

In der Urne sind 13 Kugeln, 7 rote und 6 blaue.

Seite 103 | Aufgabe 32

s: Strecke, die die Rolltreppe zurücklegt.

Geschwindigkeit der Rolltreppe: $v_R = \frac{s}{30}$; Geschwindigkeit beim Laufen: $v_L = \frac{s}{20}$

Für die Zeit gilt allgemein: $t = \frac{s}{v}$. Wenn Marco nun auf der fahrenden Rolltreppe läuft, kann man seine Laufgeschwindigkeit und die Geschwindigkeit der Rolltreppe addieren: $v_{ges} = v_R + v_L$.

$t = \frac{s}{v_{ges}} = \frac{s}{v_R+v_L} = \frac{s}{\frac{s}{30}+\frac{s}{20}} = \frac{1}{\frac{1}{30}+\frac{1}{20}} = 12$

Wenn Marco auf der fahrenden Rolltreppe nach oben läuft, braucht er 12 Sekunden.

Seite 103 | Aufgabe 33

Für die Zeit gilt allgemein: $t = \frac{s}{v}$. Die beiden Frauen fahren die gleiche Zeit.

Frau Stamm: s = 175 km; Geschwindigkeit v (in km/h)

Frau Berg; s = 200 km; Geschwindigkeit v + 10 (in km/h).

$\frac{175}{v} = \frac{200}{v+10}$.Lösung: v= 70 km/h.

Frau Stamm fährt mit einer Durchschnittsgeschwindigkeit von 70 km/h, Frau Berg mit 80 km/h.

Seite 103 | Aufgabe 34

a) Blauer Graph: $f(x) = \frac{1}{x+2}$; roter Graph: $g(x) = \frac{-2}{x-1}$; $\frac{1}{x+2} = \frac{-2}{x-1}$; Lösung: $x = -1$; Schnittpunkt $S(-1|1)$

b) Blauer Graph: $f(x) = -\frac{1}{x-1} - 1$; roter Graph: $g(x) = -\frac{1}{2}x$; $\frac{-1}{x-1} - 1 = \frac{1}{2}x$; Lösungen: $x_1 = 0$; $x_2 = 3$; $S_1(0|0)$; $S_2(3|-1{,}5)$

c) Blauer Graph: $f(x) = -\frac{1}{x+1} - 2$; roter Graph: $g(x) = \frac{3}{x-1}$; $\frac{-1}{x+1} - 2 = \frac{3}{x-1}$; Lösungen: $x_1 = 0$; $x_2 = -2$; $S_1(0|-3)$; $S_2(-2|-1)$

Seite 103 | Aufgabe 35

a) $D = \mathbb{Q}\setminus\{-1; 0; 1\}$; $L = \{3\}$

b) $D = \mathbb{Q}\setminus\{-2; 2\}$; $L = \{-1; 1\}$

Seite 103 | Aufgabe 36

a) Allgemein gilt: $v = \frac{s}{t}$

Hinweg: $\frac{s}{t_1} = 10$; also $t_1 = \frac{s}{10}$

Rückweg; $\frac{s}{t_2} = x$; also $t_2 = \frac{s}{x}$

Gesamter Weg: $\frac{2s}{t_1+t_2} = 12$

$\frac{2s}{t_1+t_2} = \frac{2s}{\frac{s}{10}+\frac{s}{x}} = \frac{2}{\frac{1}{10}+\frac{1}{x}} = \frac{2}{\frac{x+10}{10x}} = \frac{2\cdot 10x}{x+10} = 12$; Lösung: $x = 15$.

Um eine Durchschnittsgeschwindigkeit von 12 km/h zu erreichen, muss Jens auf dem Rückweg durchschnittlich 15 km/h fahren.

b) Dann müsste die Gleichung $\frac{2\cdot 10x}{x+10} = 20$ gelten, die keine Lösung hat.

Jens kann also nicht so schnell fahren, dass er eine Durchschnittsgeschwindigkeit für den gesamten Weg von 20 km/h erhält.

Methode: Formeln auflösen

Seite 104 | Aufgabe 1

$A = \frac{a+c}{2} \cdot h$; also $a = \frac{2A}{h} - c = \frac{2\cdot 210\ m^2}{3{,}2\ m} - 61{,}6\ m = 69{,}65\ m$

Seite 104 | Aufgabe 2

$A = \frac{a+c}{2} \cdot h$; also $h = \frac{2A}{a+c} = \frac{2 \cdot 10 cm^2}{5cm+3cm} = 2{,}5$ cm

Das Trapez muss 2,5 cm hoch sein. Individuelle Lösungen für die Zeichnung.

Seite 104 | Aufgabe 3

a) $g = \frac{2A}{h}$: Der Flächeninhalt eines Dreiecks ist das halbe Produkt aus Grundseite und zugehörender Höhe

b) $h = \frac{V}{G}$: Volumen ist Grundseite mal Höhe

c) $GW = \frac{PW}{PS}$: Prozentwert ist Grundwert mal Prozentsatz

Seite 104 | Aufgabe 4

a) $v = \frac{s}{t}$: Geschwindigkeit ist Strecke pro Zeit.

b) $a = \frac{F}{m}$: Kraft F ist Masse m mal Beschleunigung a.

c) $t = \frac{v}{a}$: Bei einer gegebenen Beschleunigung a braucht ein Körper die Zeit t, um die Geschwindigkeit v zu erreichen.

d) $I = \frac{U}{R}$: Strom ist Spannung durch Widerstand.

e) $h = \frac{E_h}{g \cdot h}$: In der Höhe h hat ein Körper die Lageenergie E_h, die das Produkt aus Masse m, Höhe h und Erdbeschleunigung g ist,

f) $m = \frac{2E_k}{v^2}$: Die kinetische Energie E_k eines Körpers ist das halbe Produkt aus Masse m und dem Quadrat der Geschwindigkeit v.

Seite 105 | Aufgabe 5

a) $\frac{1}{f} = \frac{1}{g} + \frac{1}{b}$; $f = \frac{g \cdot b}{g+b} = \frac{20\ cm \cdot 5\ cm}{20\ cm + 5\ cm} = 4$ cm

Die Linse muss eine Brennweite von 4 cm haben.

b) $\frac{1}{g} = \frac{1}{f} - \frac{1}{b}$; $g = \frac{f \cdot b}{b-f}$

Seite 105 | Aufgabe 6

$T_m = \frac{V_h \cdot T_h + V_k \cdot T_k}{V_h + V_k}$

$T_m = \frac{3\,l \cdot 65° + 4{,}5\,l \cdot 15°}{3\,l + 4{,}5\,l} = 34°$

Die Mischungstemperatur beträgt 34° C.

Seite 105 | Aufgabe 7

a) $l = \frac{u}{2} - b$; $b = \frac{u}{2} - l$: Der Umfang eines Rechtecks ist die doppelte Summe von Länge und Breite.

b) $l = \frac{\frac{O}{2} - b \cdot h}{b+h}$; $b = \frac{\frac{O}{2} - l \cdot h}{l+h}$: Die Oberfläche eines Quaders ist die doppelte Summe der Flächen aller Seiten.

4.4 Potenzen mit ganzzahligen Exponenten

Seite 106 | Einstieg

C: $2^{-3} = \frac{1}{2^3} = \frac{1}{8} = 0{,}125$; U: $\frac{12^5}{2^5} = \left(\frac{12}{2}\right)^5 = 6^5 = 7776$; A: $18^4 : 3^4 = (18:3)^4 = 6^4 = 1296$; C: $(6^3)^2 = 6^{3 \cdot 2} = 6^6 = 46\,656$

Y: $6^6 \cdot 6^2 = 6^{6+2} = 6^8 = 1\,679\,616$; H: $(-2^7) \cdot (-3^7) = (-2) \cdot (-3)^7 = 6^7 = 279\,936$

$\frac{1}{8} < 1296 < 7776 < 46\,656 < 279\,936 < 1\,679\,616$

CAUCHY: Augustin-Louis Cauchy; französischer Mathematiker, 1789 bis 1857

Seite 109 | Aufgabe 1

a) $\frac{1}{4^3} = \frac{1}{64}$

b) $-\frac{1}{3^3} = -\frac{1}{27}$

c) $\frac{1}{(-5)^2} = \frac{1}{25}$

d) $\frac{1}{3^2} + 3 = \frac{1}{9} + 3 = 3\frac{1}{9}$

e) $\frac{1}{5^2} \cdot \frac{1}{4} = \frac{1}{25} \cdot \frac{1}{4} = \frac{1}{100}$

f) $\frac{1}{7^2} \cdot 2^3 = \frac{8}{49}$

g) $\frac{1}{2^2} - \frac{1}{4} = \frac{1}{4} - \frac{1}{4} = 0$

h) $\frac{1}{2^3} + \frac{1}{2} = \frac{1}{8} + \frac{1}{2} = \frac{5}{8}$

i) $\frac{1}{2} + \frac{1}{2^4} = \frac{1}{2} + \frac{1}{16} = \frac{9}{16}$

Seite 109 | Aufgabe 2

a) Potenzen mit gleicher Basis: $a^2 \cdot a^3 = a^5$; $a^{-1} \cdot a^{-4} = a^{-5}$; $a^6 \cdot a^{-6} = a^1 = 1$

b) Potenzen mit gleichem Exponenten: $\frac{20^3}{2^3} = \left(\frac{20}{2}\right)^3 = 10^3 = 1000$; $\frac{30^4}{6^4} = \left(\frac{30}{6}\right)^4 = 5^4 = 625$; $\frac{8^4}{2^4} = \left(\frac{8}{2}\right)^4 = 4^4 = 256$

c) Potenzen potenzieren: $(2^3)^2 = 2^6 = 64$; $((-10)^3)^2 = (-10)^6 = 1\,000\,000$; $(a^3)^{-5} = a^{-15}$

d) Potenzen mit gleicher Basis: $\frac{10^{-3}}{10^6} = 10^{-3-6} = 10^{-9}$; $\frac{10^9}{10^7} = 10^{9-7} = 10^2 = 100$; $\frac{10^{-2}}{10^{-4}} = 10^{-2-(-4)} = 10^2 = 100$

e) Potenzen mit gleichem Exponenten: $a^7 \cdot \left(\frac{1}{a}\right)^7 = \left(\frac{a}{a}\right)^7 = 1^7 = 1$; $2^9 \cdot 5^9 = (2 \cdot 5)^9 = 10^9$

$(a-b)^2 \cdot (a+b)^2 = \left((a-b)(a+b)\right)^2 = (a^2 - b^2)^2$

Seite 109 | Aufgabe 3

a) Potenzen mit gleicher Basis: $12^{-3} \cdot 12^4 = 12^{-3+4} = 12^1 = 12$

b) Potenzen mit gleichem Exponenten: $\left(\frac{22}{49}\right)^4 \cdot \left(\frac{49}{22}\right)^4 = \left(\frac{22 \cdot 49}{49 \cdot 22}\right)^4 = 1^4 = 1$

c) Potenzen mit gleichem Exponenten: $28^3 : 56^3 = (28:56)^3 = \left(\frac{1}{2}\right)^3 = \frac{1}{8}$

d) Potenzen mit gleichem Exponenten: $2^6 \cdot 5^6 = (2 \cdot 5)^6 = 10^6 = 1\,000\,000$

e) Potenzen mit gleicher Basis: $\frac{10^3}{10^{-3}} = 10^3 \cdot 10^3 = (10 \cdot 10)^3 = 100^3 = 1\,000\,000$

f) Potenzen mit gleichem Exponenten: $\left(\frac{3}{4}\right)^5 \cdot \left(\frac{8}{3}\right)^5 = \left(\frac{3 \cdot 8}{4 \cdot 3}\right)^5 = 2^5 = 32$

Seite 109 | Aufgabe 4

a) Ein Minuszeichen im Exponenten kann nicht einfach vor die Basis gezogen werden. Richtig ist: $5^{-2} = \frac{1}{5^2} = \frac{1}{25}$.
b) Ist der Exponent 0, dann ist der Wert der Potenz unabhängig gleich 1, nicht gleich 0. Richtig ist: $6^0 = 1$.
c) Die „4" darf nicht in den Zähler verschoben werden. Richtig ist: $\frac{2 \cdot 10^4}{4 \cdot 10^{-2}} = \frac{2}{4} \cdot 10^4 \cdot 10^2 = 0{,}5 \cdot 10^6 = 5 \cdot 10^5$.
d) Das gemischte Glied wurde nicht berücksichtigt. Richtig ist: $(a + b)^2 = a^2 + 2ab + b^2$.
e) Die Exponenten wurden addiert statt sie zu multiplizieren. Richtig ist: $(a^3)^4 = a^{3 \cdot 4} = a^{12}$
f) Die Exponenten wurden multipliziert statt sie zu addieren. Richtig ist: $10^4 \cdot 10^3 = 10^{3+4} = 10^7$
g) Werden Potenzen addiert, so können nicht die Exponenten addiert werden. Richtig ist: $a^5 + a^5 = 2a^5$.
h) Die Terme können nicht addiert und auch sonst nicht vereinfacht werden.

Seite 109 | Aufgabe 5

a) $(5a^2)^{-3} = 5^{-3} \cdot a^{2-3} = \frac{1}{125a}$
b) $x^{-4} \cdot x^{-2} = x^{-4-2} = x^{-6}$
c) $(2^{-2})^2 : 2 = \frac{2^{-2 \cdot 2}}{2} = \frac{1}{2 \cdot 2^4} = \frac{1}{32}$
d) $28^{-10} : 14^{-10} = \frac{14^{10}}{28^{10}} = \left(\frac{1}{2}\right)^{10} = \frac{1}{1024}$
e) $(3^{-5})^2 = 3^{-10} = \frac{1}{3^{10}}$
f) $b^{-5} + 3b^{-5} = 4b^{-5}$
g) $4a^{10} : 2a^{-6} = \frac{4}{2} \cdot a^{10} \cdot a^6 = 2a^{16}$
h) $5e^{-3} - 2e^{-3} = 3e^{-3}$
i) $2^{-5} \cdot 5^{-5} = (2 \cdot 5)^{-5} = 10^{-5}$
j) $2^3 - 0{,}5^{-2} = 2^3 - 2^2 = 8 - 4 = 4$
k) $2^{-5} : 2^{-6} = 2^{-5-(-6)} = 2^1 = 2$
l) $(x^4y^{-1})^{-3} = x^{-12}y^3 = \frac{y^3}{x^{12}}$

Seite 109 | Aufgabe 6

a) Auch das Minuszeichen muss potenziert werden. Richtig ist: $(-2)^4 = 16$.
b) Das Minuszeichen steht ohne Klammer und wird deswegen nicht potenziert. Richtig ist: $-3^{-2} = -\frac{1}{9}$.
c) Das Minuszeichen und die 3 müssen potenziert werden. Richtig ist: $(-3a)^3 = (-3)^3 \cdot a^3 = -27a^3$
d) Die 5 muss mit potenziert werden. Richtig ist: $(5b)^{-2} = \frac{1}{(5b)^2} = \frac{1}{25b^2}$
e) Die 2 muss mit potenziert werden. Richtig ist: $-(2c)^{-3} = -\frac{1}{(2c)^3} = -\frac{1}{8b^3}$
f) Das Minuszeichen muss mitpotenziert werden. Richtig ist: $(-x^{-2}y)^4 = (-x^{-2})^4 \cdot y^4 = x^{-8}y^4$

Seite 110 | Aufgabe 7

$x^n : y^n = \left(\frac{x}{y}\right)^n$
$\left(\frac{y}{x}\right)^n$
$y^{-n} : x^{-n} = \frac{1}{y^n} : \frac{1}{x^n} = \left(\frac{x}{y}\right)^n$
$x^n : \left(\frac{1}{y}\right)^{-n} = x^n : y^n = \left(\frac{x}{y}\right)^n$
$x : y^n = \frac{x}{y^n}$

Nur drei der Terme sind äquivalent.

Seite 110 | Aufgabe 8

Beispiellösungen

a) $\frac{12a^5}{a^2}$; $\frac{24a^2 \cdot 2^{-1}}{a^{-1}}$; $12 \cdot a^7 \cdot a^{-4}$
b) $\frac{2^3}{5^{-4}}$; $\frac{5^5}{5 \cdot 2^{-3}}$; $5^6 \cdot 2^{-8} \cdot 5^{-2} \cdot 2^{11}$
c) $\frac{7y^2}{x}$; $\frac{343 \cdot x^3 \cdot y}{7^2 \cdot x^4 \cdot y^{-1}}$; $7 \cdot x^{-5} \cdot y^4 \cdot x^4 \cdot y^{-2}$
d) $\frac{y}{10 \cdot z^2}$; $\frac{10z^2}{100 \cdot y^{-1} \cdot z^4}$; $0{,}1 \cdot z^{-5} \cdot y^4 \cdot z^3 \cdot y^{-3}$

Seite 110 | Aufgabe 9

a) $a^{-1} \cdot c^{-2}$
b) $(-a^3 - b^3) \cdot a^{-4} \cdot b^{-2}$
c) $-x^{-3} \cdot y^{-1}$
d) $x^{-6} \cdot y^{-3}$

Seite 110 | Aufgabe 10

a) $\left(\frac{bc}{a}\right)^4$
b) $c^{-3} \cdot d^{13}$
c) $x^3 \cdot y^{-7} \cdot z^{12} = \frac{x^3 \cdot z^{12}}{y^7}$
d) $-x^{-20}$
e) $\left(-\frac{bc}{a}\right)^5$
f) $u^{11} \cdot v^{-11} \cdot w^{-2} = \frac{u^{11}}{v^{11}w^2}$
g) $(-u)^{-7} \cdot (-v)^{11} = \frac{v^{11}}{u^7}$
h) $x^{-4} \cdot y^3 = -\frac{y^3}{x^4}$

Seite 110 | Aufgabe 11

a) $\left(\frac{-2y}{2}\right)^{-4} = \frac{1}{y^4}$
b) $\left(\frac{2}{3}\right)^3 : \left(\frac{2}{3}\right)^3 = 1$
c) $\left(\frac{5a^2}{2a}\right)^{-3} = \left(\frac{5a}{2}\right)^{-3} = \frac{8}{125a^3}$
d) $(x \cdot y)^{-6} \cdot (2yx)^2 = 4 \cdot (xy)^{-4} = \frac{4}{(xy)^4}$
e) $\frac{(4b^2)^5}{(2b)^2} = 256b^8$

Seite 111 | Aufgabe 12

a) Wahr. Ist der Exponent gerade, so ergibt sich ein positiver Potenzwert. Beispiel: $(-2)^2 = 4$.
b) Falsch. Wenn der Nenner größer als der Zähler ist, ist das Ergebnis größer als 1. Gegenbeispiel: $\left(\frac{3}{4}\right)^{-2} = 1\frac{7}{9}$
c) Falsch. Gegenbeispiel: $\left(-\frac{3}{4}\right)^{-3} = -2\frac{10}{27}$
d) Wahr. Dies geht, wenn die beiden Exponenten die Summe 0 haben. Beispiel: $\left(\frac{1}{2}\right)^5 \cdot \left(\frac{1}{2}\right)^{-5} = 1$

Seite 111 | Aufgabe 13

a) Größenordnung 10^{10}; exaktes Ergebnis: $4{,}503 \cdot 10^{10}$
b) Größenordnung 10^9; exaktes Ergebnis: $2{,}65188 \cdot 10^9$
c) Größenordnung 10^4; exaktes Ergebnis: $3{,}6 \cdot 10^4$
d) Größenordnung 10^6; exaktes Ergebnis: $4{,}9 \cdot 10^6$
e) Größenordnung 10^{-8}; exaktes Ergebnis: $1{,}2 \cdot 10^{-8}$
f) Größenordnung 10^{-8}; exaktes Ergebnis: $4 \cdot 10^{-8}$

Seite 111 | Aufgabe 14

a) Die Zahlen sind gleich groß, denn es gilt $4^{250} = (2^2)^{250} = 2^{2\cdot 250} = 2^{500}$.

b) $5^{35} = 5^{5\cdot 7} = (5^5)^7 \approx 3000^7 = (3\cdot 1000)^7 = 3^7 \cdot 1000^7 = 2187 \cdot (10^3)^7 = 2187 \cdot 10^{21} = 2{,}187 \cdot 10^{24}$
Ergebnis des Taschenrechners: $5^{35} \approx 2{,}91 \cdot 10^{24}$

Seite 111 | Aufgabe 15

a) $x^3 \cdot x^4 = (x\cdot x\cdot x)\cdot(x\cdot x\cdot x\cdot x) = x^7 = x^{3+4}$

b) $x^{-3} \cdot x^4 = \frac{x\cdot x\cdot x\cdot x}{x\cdot x\cdot x} = x = x^1 = x^{(-3)+4}$

c) $x^3 \cdot x^{-4} = \frac{x\cdot x\cdot x}{x\cdot x\cdot x\cdot x} = \frac{1}{x} = x^{-1} = x^{3+(-4)}$

d) $x^{-3} \cdot x^{-4} = \frac{1}{(x\cdot x\cdot x)\cdot(x\cdot x\cdot x\cdot x)} = \frac{1}{x^7} = x^{-7} = x^{(-3)+(-4)}$

Seite 111 | Aufgabe 16

a) $(x^2)^3 = (x\cdot x)\cdot(x\cdot x)\cdot(x\cdot x) = x^6 = x^{2\cdot 3}$

b) $(x^2)^{-3} = \frac{1}{(x\cdot x)\cdot(x\cdot x)\cdot(x\cdot x)} = \frac{1}{x^6} = x^{-6} = x^{2\cdot(-3)}$

c) $(x^{-2})^3 = \frac{1}{x\cdot x}\cdot\frac{1}{x\cdot x}\cdot\frac{1}{x\cdot x} = \frac{1}{x^6} = x^{-6} = x^{(-2)\cdot 3}$

d) $(x^{-2})^{-3} = \left(\frac{1}{x\cdot x}\right)^{-3} = (x\cdot x)^3 = x^6 = x^{(-2)\cdot(-3)}$

Seite 111 | Aufgabe 17

a) $e^5 f e^{-4} : f = e$

b) $\frac{b^{n+1}}{ab}\cdot\left(\frac{b^n}{a^2}\right)^{-1} = \frac{b^{n+1}\cdot a^2}{ab\cdot b^n} = a$

c) $4k^3x^2 \cdot (2kx)^{-2} = \frac{4k^3x^2}{4k^2x^2} = k$

d) $8r^2s^3 \cdot \left(\frac{r}{2s}\right)^3 = \frac{8r^2\cdot s^3\cdot r^3}{8\cdot s^3} = r^5$

e) $ts^4 \cdot (s^{-2})^2 = ts^4 \cdot s^{-4} = t$

f) $(ace)^2 \cdot \frac{(ac)^{-2}}{e} = \frac{(ac)^2\cdot e^2\cdot (ac)^{-2}}{e} = e$

Seite 111 | Aufgabe 18

Wenn man zuerst den Kehrbruch bildet, erhält man: $\left(\frac{2x}{5y}\right)^{-3} = \frac{(2x)^{-3}}{(5y)^{-3}} = \frac{(5y)^3}{(2x)^3} = \frac{125y^3}{8x^3}$

Die Rechnung ist einfacher, weil man keine Doppelbrüche bilden muss.

Seite 111 | Aufgabe 19

a) richtig

b) richtig

c) falsch, richtig ist: $\frac{m^5n^{-4}}{n^4m^{-5}} = m^{10}n^{-8}$

d) richtig

e) richtig

f) falsch, richtig ist: $2x^{-7} + 2x^{-6} = \frac{2}{x^7} + \frac{2}{x^6} = \frac{2(1+x)}{x^7}$

Seite 112 | Aufgabe 20

① $\left(\frac{2x}{y^3}\right)^2 = \frac{4x^2}{y^6}$

② $(y^3 : 2x)^{-2} = \left(\frac{2x}{y^3}\right)^2 = \frac{4x^2}{y^6}$

③ $\left(\frac{y^2}{2x}\right)^{-3} = \frac{8x^3}{y^6}$

④ $(y^3 : 2x)^2 = \left(\frac{y^3}{2x}\right)^2 = \frac{y^6}{4x^2}$

⑤ $\frac{y^6}{4x^2}$

⑥ $\left(\frac{y^3}{2x^2}\right)^{-2} = \frac{4x^4}{y^6}$

⑦ $\frac{4x^2}{y^6}$

⑧ $(2x : y^2)^{-2} = \left(\frac{y^2}{2x}\right)^2 = \frac{y^4}{4x^2}$

⑨ $\left(\frac{y^6}{4x^2}\right)^{-1} = \frac{4x^2}{y^6}$

⑩ $\left(\frac{y^3}{2x}\right)^2 = \frac{y^6}{4x^2}$

Äquivalent sind der erste, zweite, siebte und neunte Term, außerdem der vierte, fünfte und zehnte.

Seite 112 | Aufgabe 21

Das Ergebnis ist negativ, da sowohl der Exponent 5 ist.

Seite 112 | Aufgabe 22

a) x^3

b) $-y^{-1}$

c) $-\frac{1}{4}r^{-2}$

d) $\frac{1}{9}$

e) $-\frac{1}{2}x^5$

f) $5(4 + 3a) = 20 + 15a$

g) $15y^3 - \frac{12}{x^2}$

h) $8 - \frac{4}{x}$

i) $x^4 + \frac{x^3}{2}$

Seite 112 | Aufgabe 23

Eine Zeiteinheit: Abstand Bahnstrecke – Lkw: 750 m; Abstand Bahnstrecke – Pkw: 500 m; Abstand Lkw – Pkw: 250 m
Zwei Zeiteinheiten: Abstand Bahnstrecke – Lkw: 875 m; Abstand Bahnstrecke – Pkw: 750 m; Abstand Lkw – Pkw: 125 m
Drei Zeiteinheiten: Abstand Bahnstrecke – Lkw: 937,5 m; Abstand Bahnstrecke – Pkw: 875 m; Abstand Lkw – Pkw: 62,5 m
Vier Zeiteinheiten: Abstand Bahnstrecke – Lkw: 968,75 m; Abstand Bahnstrecke – Pkw: 937,5 m; Abstand Lkw – Pkw: 31,25 m
Für n Zeiteinheiten gilt: Abstand Lkw – Pkw: $\frac{500\text{ m}}{2^n}$, also für 40 Zeiteinheiten: Abstand Lkw – Pkw: $\frac{500\text{ m}}{2^{40}} = 4{,}55 \cdot 10^{-10}$,
Der Abstand wird unendlich klein - der Pkw wird den Lkw einholen.

Seite 112 | Aufgabe 24

a) $\frac{\left(\frac{2^{-n+2}}{2^n}\right)^{-2}}{\left(\frac{2^{2n+3}}{4^{n+4}}\right)^{-1}} = \frac{\frac{2^{2n-4}}{2^{-2n}}}{\frac{2^{-2n-3}}{4^{-n-4}}} = \frac{2^{2n-4}}{2^{-2n}}\cdot\frac{4^{-n-4}}{2^{-2n-3}} = \frac{2^{2n-4}}{2^{-2n}}\cdot\frac{2^{-2n-8}}{2^{-2n-3}} = 2^{2n-4-(-2n)}\cdot 2^{-8+3} = 2^{4n-9}$

b) $\frac{c^{x+1}-c^{x+2}}{c^{x+1}-c^x} = \frac{c^x(c-c^2)}{c^x(c-1)} = \frac{c(1-c)}{-(1-c)} = -c$

c) $(96\cdot 4^{n-2}) : 2^{1-n} = \frac{96\cdot 2^{2n-4}}{2^{1-n}} = 96\cdot 2^{3n-5} = 96\cdot 2^{-5}\cdot 2^{3n} = 3\cdot 8^n$

5 Zufallsexperimente

5.1 Zufallsexperimente

Seite 117 | Einstieg

Nick sollte sich die abgerundete Seite aussuchen, da ein Kronkorken mit einer höheren Wahrscheinlichkeit auf dieser Seite landen wird.

Seite 120 | Aufgabe 1

Beispiellösungen:
1. Es wird ein Los gezogen, g: Gewinn. $\Omega = \{g; \overline{g}\}$
2. Aus einer Urne wird eine Kugel gezogen. Die Kugeln sind von eins bis sechs durchnummeriert. $\Omega = \{1; 2; 3; 4; 5; 6\}$
3. Es wird ein Dodekaeder (zwölfseitiger Würfel) geworfen. $\Omega = \{1; 2; 3; 4; 5; 6; 7; 8; 9; 10; 11; 12\}$

Seite 120 | Aufgabe 2

a) $\Omega = \{1; 2; 3; 4; 5; 6\}$. Es handelt sich nicht um ein Zufallsexperiment, da die Note nicht zufällig ist.
b) $\Omega = \{\text{rot, gelb, blau}\}$. Es handelt sich um ein Zufallsexperiment, da es nicht vorhersehbar ist.
c) $\Omega = \{0; 1; ...; 98; 99, 100; ...\}$. Es handelt sich um ein Zufallsexperiment, da es nicht vorhersehbar ist.
d) $\Omega = \{136\}$. Es handelt sich nicht um ein Zufallsexperiment, da es nur ein (vorhersehbares) Ergebnis gibt.
e) $\Omega = \{\text{Kreuz; Pik; Herz; Karo}\}$. Es handelt sich um ein Zufallsexperiment, da es nicht vorhersehbar ist.

Seite 121 | Aufgabe 3

Beispiellösungen: Werfen eines Würfels ($\Omega = \{1; 2; 3; 4, 5; 6\}$), Werfen einer Münze ($\Omega = \{\text{Kopf; Zahl}\}$), Ziehen eines Loses ($\Omega = \{\text{Gewinn, Niete}\}$ oder $\Omega = \{\text{Hauptgewinn, kleiner Gewinn, Niete}\}$ o. ä.), blinder Griff in die Sockenschublade ($\Omega = \{$jedes Paar Socken in der Schublade$\}$)
Das Wetter oder die Benotung einer Schulaufgabe sind beispielsweise keine Zufallsereignisse.

Seite 121 | Aufgabe 4

a) Heute bleibt es trocken.
b) Tim ist jünger als Leon.
c) Tim und Leon sind nicht gleich alt.
d) Mindestens ein Schüler der 8a trägt eine Brille.
e) Es gibt einen Schotten, der keinen Rock trägt.
f) Es sind nicht alle meiner Freunde eingeladen.

Seite 121 | Aufgabe 5

Beispiellösungen:
a) Es wird ein Los gezogen.
b) Es wird mit zwei Würfel geworfen und untersucht, ob die beiden Zahlen gleich sind.
c) Es wird mit zwei Würfeln geworfen und die Augenzahlen addiert.
d) Aus einer Urne mit roten, gelben und blauen Kugeln wird eine Kugel gezogen.

Seite 121| Aufgabe 6

a) Elementarereignis: $\{5\}$
b) anderes Ereignis: $\{4; 5; 6\}$
c) anderes Ereignis: $\{1; 2; 3\ 4; 5\}$
d) anderes Ereignis: $\{\}$

Seite 121 | Aufgabe 7

a) $A = \{4\}$; $\overline{A}$: Es wird nicht die 4 geworfen.
b) $B = \{1; 3; 5\}$; $\overline{B}$: Augenzahl gerade.
c) $C = \{1\}$; $\overline{C}$: Augenzahl größer als 1.
d) $D = \{1; 2; 4; 5; 6\}$; $\overline{D}$: Augenzahl 3.
e) $E = \{4; 5; 6\}$; $\overline{E}$: Augenzahl maximal 3.
f) $F = \{6\}$; $\overline{F}$: Augenzahl kleiner als sechs.
g) $G = \{1; 2; 3; 4\}$; $\overline{G}$: Augenzahl mindestens 5.
h) $H = \{1; 4\}$; $\overline{H}$: Augenzahl ist keine Quadratzahl.

Seite 121 | Aufgabe 8

a) A: Es wird genau zweimal die Zahl geworfen. $\overline{A} = \{WWW; WWZ; WZW; ZWW; ZZZ\}$
b) B: Es wird nur Zahl oder nur Wappen geworfen. $\overline{B} = \{WWZ; WZW; ZWW; WZZ; ZWZ; ZZW\}$
c) C: Es wird mindestens zweimal Zahl geworfen. $\overline{C} = \{WWW; WWZ; WZW; ZWW\}$
d) D: Es wird genau zweimal Wappen oder dreimal Zahl geworfen. $\overline{D} = \{WWW; WZZ; ZWZ; ZZW\}$

Seite 121 | Aufgabe 9

a) $\Omega = \{rrg; rrb; rbr; rgr; grr; brr; rgg; grg; ggr; rbb; brb; bbr; rgb; rbg; brg; grb; gbr; bgr; ggg; ggb; gbg; bgg; bbb; bbg; bgb; gbb\}$
b) Wenn Sophie die Kugel nach jedem Ziehen wieder zurücklegt, dann gibt es mehr mögliche Ergebnisse als ohne Zurücklegen. Es kann nun beispielsweise auch drei Mal rot gezogen werden.

Seite 121 | Aufgabe 10

a) In einer Urne liegen vier grüne, drei rote, zwei gelbe und eine weiße Kugel. Es werden zwei Kugeln gleichzeitig oder ohne Zurücklegen gezogen.
b) In einer Urne liegen zwei schwarze und zwei weiße Kugeln. Es werden zwei Kugeln gleichzeitig oder ohne Zurücklegen gezogen. Schwarz steht beispielsweise für Zahl, weiß für Wappen.
c) In einer Urne liegen acht schwarze, acht weiße, acht rote und acht blaue Kugeln. Es werden vier Kugeln gleichzeitig gezogen. Jede Kugelfarbe steht für eine der Kartenfarben. Soll auch jede einzelne Karte simuliert werden, werden die Kugeln zusätzlich von 1 bis 32 nummeriert.

Seite 122 | Aufgabe 11

a) Für die ersten 50 Geburten: p = 0,42
Für die ersten 100 Geburten: p = 0,47
Für die ersten 150 Geburten: p = 0,51
Für die ersten 200 Geburten: p = 0,54
Für die ersten 250 Geburten: p = 0,52
Für die ersten 300 Geburten: p = 0,52
Für die ersten 350 Geburten: p = 0,53
Für die ersten 400 Geburten: p = 0,52

b)
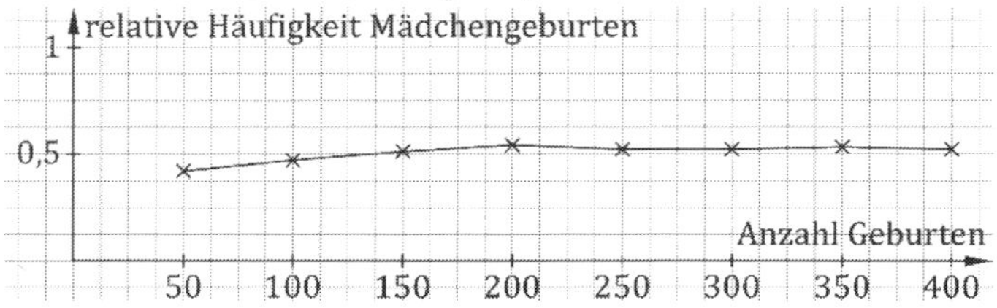

c) Die relative Wahrscheinlichkeit pendelt sich mit der Anzahl der Geburten auf die theoretische Wahrscheinlichkeit ein.
d) In dieser Klinik scheint es so, als pendle sich das Geschlechterverhältnis Junge zu Mädchen bei circa 0,48 : 0,52 ein.

Seite 122 | Aufgabe 12

Die Wahrscheinlichkeit, eine 3 zu würfeln, ist bei einem nicht manipulierten Würfel $p = \frac{1}{6}$. Wenn man sehr häufig würfelt, müsste sich die Wahrscheinlichkeit also bei diesem Wert einpendeln. Wenn das nicht so ist, ist der Würfel wohl manipuliert.

Seite 122 | Aufgabe 13

a) individuelle Lösungen
b) individuelle Lösungen
Bei sehr vielen Würfen erhält man p(WW) = 0,25; p(WZ) = 0,25; p(ZW) = 0,25; p(ZZ) = 0,25
c) Die Wahrscheinlichkeit, dass sowohl Wappen als auch Zahl fällt, liegt bei 50 %. Folglich ist das Spiel fair und Pia sollte mit Luca spielen.

Seite 122 | Aufgabe 14

a) p: Papier, s: Schere, t: Stein. Zuerst genannt ist Tims Entscheidung.
Ω = {pp; ps; pt; ss; sp; st; tt; tp; ts}
b) T = {pt; sp; ts}; U = {pp; ss; tt}
c) b: Brunnen
Ω = {pp; ps; pt; pb; ss; sp; st; sb; tt; tp; ts; tb; bb; bp; bs; bt}

Seite 122 | Aufgabe 15

a) Die Fluggesellschaft könnte über einen langen Zeitraum die Anzahl der nicht erschienen Fluggäste sowie die Anzahl der in diesem Zeitraum gebuchten Tickets dokumentiert haben. Dann wurde der Quotient gebildet und es war:
$\frac{\text{Anzahl der nicht erschienen Passagiere}}{\text{gebuchte Tickets}} \approx 0{,}3$
b) Wenn der Flug ausgebucht ist, wurden 450 Tickets gebucht. 3 % erscheinen nicht bedeutet umgekehrt 97 % erscheinen.
$450 \cdot 0{,}97 = 436{,}5$
Es werden also wahrscheinlich 436 oder 437 Passagiere zum Flug erscheinen. Dabei handelt es sich allerdings nur um einen Durchschnittswert. Im Einzelfall können auch alle erscheinen.

Seite 123 | Aufgabe 16

Ein Elfmeterschießen ist kein Zufallsereignis, da das Ergebnis zumindest teilweise von dem Können des Torwarts und des Schützen abhängt. Wenn man die Chancen eines konkreten Elfmeterschützen bei einem konkreten Torwart bestimmen will, muss man sich die Trefferquote über einen langen Zeitraum ansehen. Dann kann man den Vorgang mit einem Urnenmodell simulieren, muss dann aber die Anzahl der schwarzen und weißen Kugeln so wählen, dass die Wahrscheinlichkeit zum Ziehen einer weißen Kugel der ermittelten relativen Häufigkeit entspricht.
In Annas Modell wäre die Wahrscheinlichkeit für einen Treffen 50 % – da müsste der Schütze sehr schlecht sein.

Seite 123 | Aufgabe 17

a) Beispiellösung: In einer Urne sind drei rote, zwei gelbe und eine weiße Kugel. Es wird dreimal ohne Zurücklegen gezogen.
b) „Es werden zwei weiße Kugeln gezogen.“; „Es werden drei gelbe Kugeln gezogen.“
c) E = {ggw; gwg; wgg}; $\overline{E}$ = {rrr; rrg; rrw; rgr; rgg; rgw; rwr; rwg; grr; grg; grw; ggr; gwr; wrr; wrg; wgr}
d) E: „Zweimal gelb“ $\overline{E}$:„Nicht zweimal gelb“ oder $\overline{E}$: „Höchstens einmal gelb“
e) E = {rrr; rrg; rrw; grr; grg; grw; wrr; wrg}
f) E = {rgr; rgw; wgr}
g) Beispiellösungen: „Es wird dreimal rot gezogen“, „Es wird einmal weiß gezogen.“, „Es wird keine weiße Kugel gezogen.“

Seite 123 | Aufgabe 18

a) ① und ②: größte Seiten; ③ und ④: mittelgroße Seiten; ⑤ und ⑥: kleine Seiten
Beispiellösung:
① 30 Mal; ②: 30 Mal; ③: 13 Mal; ④: 12 Mal; ⑤: 7 Mal; ⑥: 8 Mal
b) p(①) = 0,3; p(②) = 0,3; p(③) = 0,13; p(④) = 0,12; p(⑤) = 0,07; p(⑥) = 0,08
c) Je größer die Seitenfläche, desto höher die relative Wahrscheinlichkeit.

Methode: Auswertung und Simulation von Zufallsexperimenten mit dem Computer

Seite 125 | Aufgabe 1

a) individuelle Lösungen.
Da alle fünf Sektoren des Glücksrades gleich groß sind, nähern sich bei vielen Versuchen die relativen Häufigkeiten für jede Farbe dem Wert 0,2 an.

b) individuelle Lösungen
Je größer die absoluten Häufigkeiten, desto besser die Annäherung an den theoretischen Wert.

c) So muss man die Formel nicht ändern, wenn man einzelne absolute Häufigkeiten ändert.

d) individuelle Lösungen. Wenn die relativen Häufigkeiten den theoretischen Werten für die Wahrscheinlichkeiten entsprechen, sieht das Kreisdiagramm aus wie das Glücksrad.

Seite 125 | Aufgabe 2

a) bis d) individuelle Lösungen
Bei einem idealen Tetraeder sind die theoretischen Wahrscheinlichkeiten 0,25 für jede Seite. Je mehr Würfe simuliert werden, desto mehr nähern sich die relativen Häufigkeiten diesen Wahrscheinlichkeiten an.

Seite 126 | Aufgabe 19

Beispiellösungen:

a) Werfen einer Münze. Mit einer relativen Häufigkeit von $h = 0{,}5$ liegt „Zahl" oben.

b) Werfen eines Würfels. Mit einer relativen Häufigkeit von $h = \frac{1}{6}$ wirft man eine 6.

c) Drehen eines Glücksrads mit sieben gleich großen Feldern. Mit der relativen Häufigkeit $h = \frac{1}{7}$ erscheint ein bestimmtes Feld.

d) Ziehen einer Kugel aus einer Urne mit 7 gelben und 3 roten Kugeln. Mit der relativen Häufigkeit $h = 0{,}3$ zieht man rot.

Seite 126 | Aufgabe 20

Wenn der Würfel nur einmal geworfen wird, gibt es sechs Elementarereignisse. Das meinte Markus mit seiner Aussage.
Man kann jedoch auch andere Ergebnisse untersuchen, z. B. das Ergebnis „Es fällt eine gerade Zahl." Noch mehr Ergebnisse gibt es, wenn man den Würfel nicht nur einmal wirft und beispielsweise die Augensumme betrachtet. Sina hat also recht.

Seite 126 | Aufgabe 21

a) Erster Kreisel: h(①) = h(②) = h(③) = h(④) = h(⑤) = h(⑥) = h(⑦) = h(⑧) = h(⑨) = h(⑩) = 0,1
Zweiter Kreisel: h(①) = h(②) = h(③) = h(④) = 0,25
Dritter Kreisel: h(①) = h(②) = h(③) = h(④) = 0,25
Vierter Kreisel: h(①) = h(②) = h(③) = h(④) = h(⑤) = h(⑥) = h(⑦) = h(⑧) = 0,125

b) Bei keinem der Kreisel gibt es eine relative Häufigkeit $h = \frac{1}{3}$. Also können die drei Mädchen nicht mithilfe eines dieser Kreisel fair entscheiden, wer beginnen darf.

c) Benötigt wird ein Kreisel, der in drei gleich große Felder eingeteilt ist und jedes Feld somit mit einer relativen Häufigkeit von $h = \frac{1}{3}$ fällt. Möglich sind auch sechs gleich große Felder, bei denen jeweils zwei gleich beschriftet sind usw.

Seite 126 | Aufgabe 22

Maxim hat damit die Hausaufgabe nicht richtig gelöst. Die Multiplikation mit 6 ändert nichts an den relativen Häufigkeiten, sodass Max das Ergebnis von 50 Würfen beibehält. Gemäß dem Gesetz der großen Zahlen sind diese relativen Häufigkeiten jedoch nicht die gleichen wie nach 300 Würfen.

Seite 126 | Aufgabe 23

Man zerlegt die Ergebnismenge in Ereignisse, die keine gemeinsamen Elemente haben, und ermittelt deren Anzahlen an Elementen.
Das Ereignis „Fünf Gummibärchen haben die gleiche Farbe" hat 5 Elemente.
Das Ereignis „Genau vier Gummibärchen haben die gleiche Farbe" hat 20 Elemente. Die vier Gummibärchen können 5 verschiedene Farben haben. Für das fünfte Gummibärchen gibt es jeweils 4 mögliche Farben.
Das Ereignis „Genau drei Gummibärchen haben die gleiche Farbe" hat 50 Elemente. Die drei Gummibärchen können fünf verschiedene Farben haben. Für das vierte und fünfte Gummibärchen gibt es jeweils 10 verschiedene Farbkombinationen. (Das vierte und fünfte Gummibärchen können die gleiche Farbe haben!)
Das Ereignis „Zwei Pärchen von Gummibärchen haben die gleiche Farbe und insgesamt treten genau drei Farben auf" hat 30 Elemente. Die zwei Pärchen von Gummibärchen können zehn verschiedene Farbkombinationen haben. Für das fünfte Gummibärchen gibt es jeweils 3 verschiedene Farbmöglichkeiten.
Das Ereignis „Es treten genau vier Farben auf" (bzw. „Es fehlt genau eine Farbe") hat genau 20 Elemente.
Das Ereignis „Alle Gummibärchen haben verschiedene Farbe" hat genau 1 Element.
Die Ergebnismenge besitzt also 126 Elemente.

5.2 Laplace-Experimente

Seite 127 | Einstieg

Glücksrad ①: $p(\text{rot}) = \frac{4}{12} = \frac{1}{3}$; $p(\text{blau}) = \frac{5}{12}$; $p(\text{gelb}) = \frac{3}{12} = \frac{1}{4}$

Glücksrad ②: $p(\text{rot}) = \frac{2}{6} = \frac{1}{3}$; $p(\text{blau}) = \frac{2}{6} = \frac{1}{3}$; $p(\text{gelb}) = \frac{2}{6} = \frac{1}{3}$

Sophie sollte sich für das 2. Glücksrad entscheiden, da dort die Wahrscheinlichkeit für gelb größer ist als beim ersten.

Seite 130 | Aufgabe 1

a) $\Omega = \{W; Z\}$. Es liegt ein Laplace-Experiment vor. Beide Ergebnisse sind gleich wahrscheinlich.
b) $\Omega = \{1; 2; ...; 48; 49\}$. Es liegt ein Laplace-Experiment vor. Jedes Ergebnis ist gleich wahrscheinlich.
c) $\Omega = \{Kopf; Spitze\}$. Es liegt kein Laplace-Experiment vor. Ein Reißnagel fällt deutlich häufiger auf die Spitze.
d) $\Omega = \{1; 2; 3; 4; 5; 6\}$. Es liegt im Allgemeinen kein Laplace-Experiment vor. Wenn die Seiten des Quaders unterschiedlich groß sind, sind die Wahrscheinlichkeiten nicht gleich. Ein Laplace-Ereignis ist es nur, wenn der Quader ein Würfel ist.
e) $\Omega = \{rot; schwarz\}$. Es liegt kein Laplace-Experiment vor. Da in der Urne unterschiedlich viele rote und schwarze Kugeln sind, sind die Wahrscheinlichkeiten für rot und schwarz nicht gleich.
f) $\Omega = \{Pik; Herz; Kreuz; Karo\}$. Es liegt ein Laplace-Experiment vor. Die Wahrscheinlichkeit für jede Karte ist gleich.

Seite 130 | Aufgabe 2

a) Es handelt sich nicht um ein Laplace-Experiment., da die Seitenflächen nicht gleich groß sind.
b) Es handelt sich um ein Laplace-Experiment, da die Seitenflächen gleich groß sind.
c) Es handelt sich nicht um ein Laplace-Experiment, da der Körper unregelmäßig geformt ist und die Seitenflächen nicht gleich groß sind.

Seite 130 | Aufgabe 3

a) ① Für ein Laplace-Experiment müssen in der Urne je zwei gelbe, rote und blaue Kugeln sein. Man muss also je eine rote gegen eine blaue und gelbe austauschen.
, ② Für ein Laplace-Experiment müssen in der Urne je drei Kugeln mit den Zahlen 1, 2 und 3 sein. Man muss also zwei mit der Zahl 3 gegen zwei mit der Zahl 2 austauschen.
③ Für ein Laplace-Experiment müssen in der Urne vier rote Kugeln und vier Kugeln mit der Zahl 2 sein und es darf keine Kugel geben, die rot und mit 2 beschriftet ist. Man muss also die rote Kugel mit der 2 gegen eine blaue oder gelbe austauschen, die mit 2 beschriftet ist. Außerdem muss auf allen gelben Kugeln „2" stehen.
b) Man kann zu jedem Ergebnis aus a) Kugeln so hinzufügen oder wegnehmen, dass sich das Verhältnis der Kugelarten nicht ändert. Beispielsweise kann man in die erste Urne vier rote, vier gelbe und vier blaue Kugeln geben, also drei gelbe und drei blaue hinzufügen. In der zweiten Urne kann man zwei Kugeln mit der Beschriftung 1 und vier Kugeln mit der Beschriftung 3 entfernen, sodass nur noch drei Kugeln mit den Zahlen 1, 2 und 3 in der Urne sind.

Seite 130 | Aufgabe 4

Beispiellösungen:
a) Ein Glücksrad mit drei Feldern wird gedreht, bei dem ein grünes Feld die Hälfte der Fläche abdeckt, ein blaues und ein rotes Feld jeweils ein Viertel. Es handelt sich nicht um ein Laplace-Experiment.
b) Ein Tetraeder wird geworfen. Es handelt sich um ein Laplace-Experiment.
c) Ein Würfel wird geworfen. Er hat auf drei Seiten eine 3, auf zwei Seiten eine 2 und auf einer Seite eine 1. Es handelt sich nicht um ein Laplace-Experiment.

Seite 131 | Aufgabe 5

a) $\Omega = \{W; Z\}$; $P(W) = P(Z) = 0{,}5$
b) $\Omega = \{1; 2; 3; 4; 5; 6\}$; $P = \frac{1}{6}$
c) $\Omega = \{blau; rot\}$; $P = 0{,}5$
d) $\Omega = \{1; 2; ...; 11; 12\}$; $P = \frac{1}{12}$
e) $\Omega = \{b; gr; ge; r; v\}$; $P = 0{,}2$

Seite 131 | Aufgabe 6

a) $E = \{2; 4; 6\}$; $P(E) = 0{,}5$
b) $E = \{3; 6\}$; $P(E) = \frac{1}{3}$
c) $E = \{2; 3; 5\}$; $P(E) = 0{,}5$
d) $E = \{4\}$; $P(E) = \frac{1}{6}$
e) $E = \{2; 3; 4; 6\}$; $P(E) = \frac{2}{3}$
f) $E = \{1; 2; 3; 4; 5; 6\}$; $P(E) = 1$

Seite 131 | Aufgabe 7

a) $P(E) = \frac{4}{8} = 0{,}5$
b) $P(E) = \frac{3}{8}$
c) $P(E) = \frac{1}{8}$
d) $P(E) = \frac{5}{8}$

Seite 131 | Aufgabe 8

a) ① $\Omega = \{1; 2; 3; 4; 5; 6; 7; 8\}$; Laplace-Experiment mit $P = \frac{1}{8}$.
② $\Omega = \{1; 2\}$; kein Laplace-Experiment; $P(1) = \frac{1}{3}$; $P(2) = \frac{2}{3}$.
③ $\Omega = \{1; 3; 5; 7\}$; kein Laplace-Experiment. ;$P(1) = \frac{1}{4}$; $P(3) = \frac{1}{4}$; $P(5) = \frac{5}{16}$; $P(7) = \frac{3}{16}$
b) ① $\Omega = \{blau; grün; gelb\}$; kein Laplace-Experiment. $P(blau) = \frac{3}{8}$; $P(grün) = \frac{1}{4}$; $P(gelb) = \frac{3}{8}$.
② $\Omega = \{blau; grün; gelb\}$; Laplace-Experiment mit $P = \frac{1}{3}$
③ $\Omega = \{blau; grün; gelb; rot\}$; kein Laplace-Experiment. $P(blau) = \frac{3}{16}$; $P(grün) = \frac{1}{4}$; $P(gelb) = \frac{5}{16}$; $P(rot) = \frac{1}{4}$.

Seite 131 | Aufgabe 9

a) $P(E) = \frac{4}{16} = \frac{1}{4}$; $P(F) = \frac{4}{16} = \frac{1}{4}$; $P(G) = \frac{8}{16} = \frac{1}{2}$; $P(H) = \frac{6}{16} = \frac{3}{8}$
b) Es ist $P(1) = \frac{1}{4}$; $P(2) = \frac{1}{4}$; $P(3) = \frac{1}{4}$. Die Wahrscheinlichkeiten sind zwar gleich, allerdings fehlt das Elementarereignis „keine Zahl" in der Ergebnismenge. Sinnvoll für ein Laplace-Experiment wäre dagegen $\Omega = \{keine\ Zahl; 1; 2; 3\}$.

Seite 132 | Aufgabe 10

a) Der gelbe Stein kommt nur bei einer „6" in sein Haus: $P = \frac{1}{6}$

b) Der gelbe Stein bleibt bei einer 4 direkt vor dem Haus stehen: $P = \frac{1}{6}$

c) Der rote Stein kann bei einer 4 den gelben Stein schlagen: $P = \frac{1}{6}$

d) Der rote Stein bleibt bei einer1, 2 oder 3 hinter dem gelben stehen: $P = \frac{1}{2}$

e) Der rote Stein überholt den gelben Stein bei einer 5 oder 6: $P = \frac{1}{3}$

f) In einem Zug kann kein roter Stein in sein Haus kommen: $P = 0$

Seite 132 | Aufgabe 11

$P(A) = \frac{6}{36} = \frac{1}{6}$ $P(B) = \frac{15}{36}$ $P(C) = \frac{6}{36} = \frac{1}{6}$ $P(D) = \frac{9}{36} = \frac{1}{4}$ $P(E) = \frac{4}{36} = \frac{1}{9}$ $P(F) = \frac{15}{36}$

Seite 132 | Aufgabe 12

a)

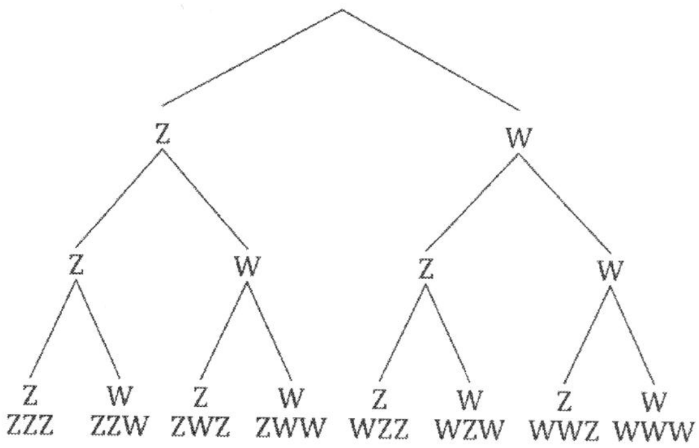

Zum Ereignis E „genau zweimal Zahl" führen die Pfade ZZW, ZWZ und WZZ.

b) $\overline{E}$ = {ZZZ; ZWW; WZW; WWZ; WWW}. $\overline{E}$: „nicht zweimal Zahl"; $P(\overline{E}) = \frac{5}{8}$

c) F: „genau einmal oder genau zweimal Wappen" F = {ZZW; ZWZ; ZWW; WZZ; WZW, WWZ}; $P(F) = \frac{6}{8} = \frac{3}{4}$.

G: „genau zweimal oder genau dreimal Wappen" G = {ZWW; WZW; WWZ; WWW}; $P(G) = \frac{4}{8} = \frac{1}{2}$

Die Wahrscheinlichkeit für Ereignis G ist höher.

Seite 133 | Aufgabe 13

a)

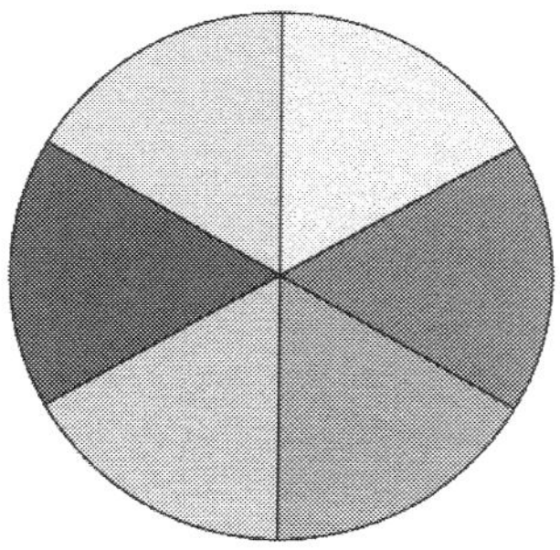

b) $P(\text{gelb}) = \frac{2}{15}$.

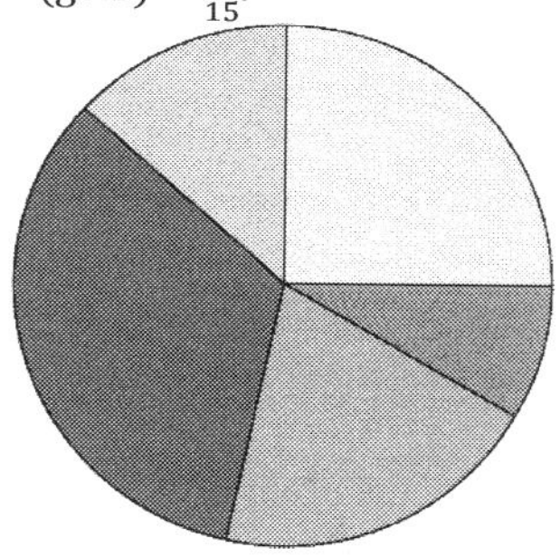

Die Innenwinkel der Sektoren sind 90°, 30°; 72°, 120°, 48°.

Seite 133 | Aufgabe 14

a) In der Lostrommel befinden sich 480 Nieten, 40 Hauptgewinne und 280 Trostpreise.
$P(H) = \frac{40}{800} = 0{,}05$; $P(\overline{T}) = \frac{520}{800} = 0{,}65$

b) In der Lostrommel sind nun Lose für 80 Hauptgewinne, 140 Trostpreise und 580 Nieten.
$P(N) = \frac{580}{800} = 0{,}725$

Seite 133 | Aufgabe 15

Insgesamt hat das Zahlenschloss 1000 mögliche Einstellungen.

a) $P = \frac{1}{1000} = 0{,}001$

b) Nur aus gleichen Ziffern bestehen die Zahlen 000, 111, ..., 999: $P = \frac{10}{1000} = 0{,}01$

c) Man hat nun für die erste Ziffer 10 Möglichkeiten, für die zweite 9 und die dritte 8, insgesamt also 720: $P = \frac{720}{1000} = 0{,}72$

d) Auf 7 endet eine von zehn Zahlen zwischen 0 und 1000, also insgesamt 100: $P = \frac{100}{1000} = 0{,}1$

e) Wenn an einer der drei Stellen eine 4 steht, bleiben für die anderen je 9 Möglichkeiten $(3 \cdot 9 \cdot 9 = 243)$: $P = \frac{243}{1000} = 0{,}243$

f) Es gibt 243 Zahlen mit einer 5, 27 mit zwei und 1 mit drei Fünfen: $P = \frac{271}{1000} = 0{,}271$

Seite133 | Aufgabe 16

a) ① $P = \frac{3}{10} = 0{,}3$ ② $P = \frac{2}{8} = 0{,}25$ ③ $P = \frac{5}{11}$

b) Mögliche Lösungen:
② Es wird eine weiße und eine schwarze Kugel hinzugefügt.
Oder: Es werden vier schwarze und acht weiße Kugeln hinzugefügt.
③ Es werden zwei schwarze Kugeln entfernt und eine weiße Kugel hinzugefügt.
Oder: Es werden eine schwarze und acht weiße Kugeln hinzugefügt.

c) Nein, das geht nicht. Die Wahrscheinlichkeit für das Ziehen einer weißen Kugel liegt bereits bei $P = 0{,}7$. Da die Wahrscheinlichkeit maximal bei 1 liegen kann, ist eine Verdopplung nicht möglich.

Seite 133 | Aufgabe 17

Man schätzt, wie groß der Innenwinkel der jeweiligen Sektoren des Glücksrads ist.

a) $P = \frac{1}{6}$ b) $P = \frac{1}{4}$ c) $P = \frac{11}{12}$ d) $P = \frac{3}{4}$

Seite 133 | Aufgabe 18

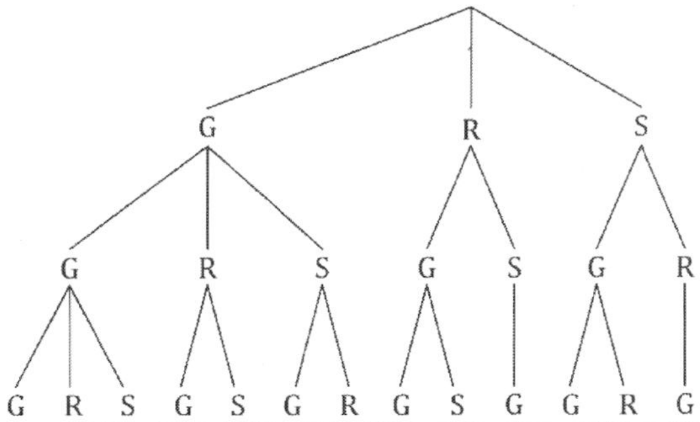

$\Omega = \{GGG; GGR; GGS; GRG; GRS; GSG; GSR; RGG; RGS; RSG; SGG; SGR; SRG\}$

$P(A) = 0{,}2$ $P(B) = 1$ $P(C) = 0{,}5$ $P(D) = 0$ $P(E) = 1$

Seite 134 | Aufgabe 19

a) Für die erste Person gibt es sechs Möglichkeiten, für die zweite fünf, für die dritte vier, für die vierte drei für die fünft zwei und für die sechste Person letztendlich nur noch eine Möglichkeit. Insgesamt gibt es 720 Möglichkeiten.

b) $3 \cdot 2 \cdot 1 = 6$ Möglichkeiten.

c) $3 \cdot 2 \cdot 1 \cdot 3 \cdot 2 \cdot 1 = 36$ Möglichkeiten.

Seite 134 | Aufgabe 20

a) Es gibt $26^5 = 11\,881\,376$ solcher Passwörter.

b) $P = \frac{1}{11\,881\,376} \approx 0{,}000\,0084\,\%$

c) Petra hat wahrscheinlich ein Wort gewählt, mit dem sie etwas assoziiert, beispielsweise ihren Spitznamen oder den Namen eines Haustieres. Dies kann ihr Bruder natürlich einfacher erraten als eine beliebige Kombination aus Buchstaben.

d) Der eigene Name, abcde oder Wörter beziehungsweise Zahlenkombinationen, die direkt mit der eigenen Person verknüpft sind (Geburtsdatum, Name der Mutter, Nachname etc.) sind schlechte Passwörter.

e) Mit fünf verschiedenen kleinen Buchstaben gibt es $26 \cdot 25 \cdot 24 \cdot 23 \cdot 22 = 7\,893\,600$ Passwörter. Das sind nicht einmal zwei Drittel der Anzahl in a).

Seite 134 | Aufgabe 21

a) Alfred kann sich auf 6 verschiedene Stühle setzen, Beate dann auf 5 und Carolin auf 4.
Insgesamt haben sie also $6 \cdot 5 \cdot 4 \cdot = 120$ Möglichkeiten.

b) Die Fliegen können auch gleichzeitig auf einem Kuchen sitzen, jede hat also 6 Möglichkeiten, insgesamt $6 \cdot 6 \cdot 6 \cdot = 216$.

c) An jedem Tisch gibt es $4 \cdot 3 \cdot 2 \cdot 1 = 24$ Möglichkeiten, insgesamt also $11 \cdot (4 \cdot 3 \cdot 2 \cdot 1) = 264$.

Seite 134 | Aufgabe 22

a) Es gibt $8 \cdot 7 \cdot 6 \cdot 5 \cdot 4 \cdot 3 \cdot 2 \cdot 1 = 40\,320$ Möglichkeiten.

b) Die erste Frau kann sich auf ihrer Seite auf 4 Stühle setzen, die zweite auf 3 usw., dies gilt ebenso für die Männer auf der anderen Seite. Da nicht vorgegeben ist, auf welcher Seite Frauen bzw. Männer sitzen, gibt es diese Möglichkeiten zweimal. Insgesamt sind es also nun $2 \cdot 4 \cdot 3 \cdot 2 \cdot 1 \cdot 4 \cdot 3 \cdot 2 \cdot 1 = 1152$ Möglichkeiten.
$P = \frac{1152}{40\,320} \approx 0{,}029$

c) Der erste Mann hat nun 8 Plätze zur Auswahl, seine Frau nur noch einen, der zweite Mann 6, der dritte 4, der letzte 2. Insgesamt sind es also nun $8 \cdot 1 \cdot 6 \cdot 1 \cdot 4 \cdot 1 \cdot 2 \cdot 1 = 384$ Möglichkeiten.
$P = \frac{384}{40\,320} \approx 0{,}0095$

d) Hierfür gibt es genauso viele Möglichkeiten wie in c), also $P = \frac{384}{40\,320} \approx 0{,}0095$.

6 Lineare Gleichungssysteme

6.1 Lineare Gleichungen mit zwei Unbekannten

Seite 139 | Einstieg

Wenn Paul mit x Personen unter 14 Jahre und y Personen ab 14 Jahren feiert, dann gilt für seine Gesamtkosten:
$50\,€ = 30\,€ + x \cdot 2\,€ + y \cdot 4\,€$
Mögliche Lösungen: $x = 10$ und $y = 0$; $x = 8$; $y = 1$ und $x = 6$; $y = 2$ und $x = 4$; $y = 3$ und $x = 2$; $y = 4$; $x = 0$ und $y = 5$.

Seite 142 | Aufgabe 1

a) x: Preis Tüte Rosinen, y: Preis Tüte Nüsse. $x \cdot 3 = y$
b) x: Kalorien Portion Pommes; y: Kalorien Glas Limonade. $x + 2 \cdot y = 2250$
c) x: Volumen Flasche Apfelsaft in Litern; y: Volumen Glas Orangensaft in Litern. $2 \cdot x + 5 \cdot y = 2{,}5$
d) x: Masse Tüte Kirschen in kg, y: Masse Schale Erdbeeren in kg. $3 \cdot x - \frac{1}{2}y = 0{,}8$

Seite 142 | Aufgabe 2

Beispiellösungen:
a) (7|3); (5|2); (3|1)
b) (1|22); (2|20); (3|18)
c) (1|13); (2|11); (3|9)
d) (−12|1); (−16|2); (−24|4)
e) (1|−2,2); (2|−7,2); (0,36|1)
f) (1|13); (2|16); (−1|7)

Seite 142 | Aufgabe 3

a) ja
b) nein
c) nein
d) ja

Seite 142 | Aufgabe 4

Beispiellösungen:

a)
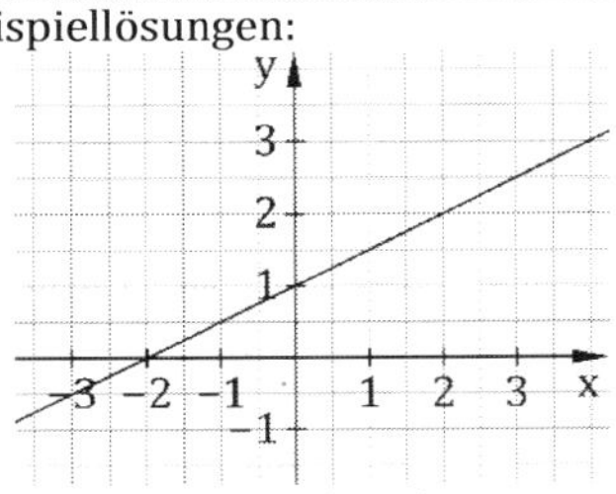
(1|1,5); (2|2); (−2|0)

c)
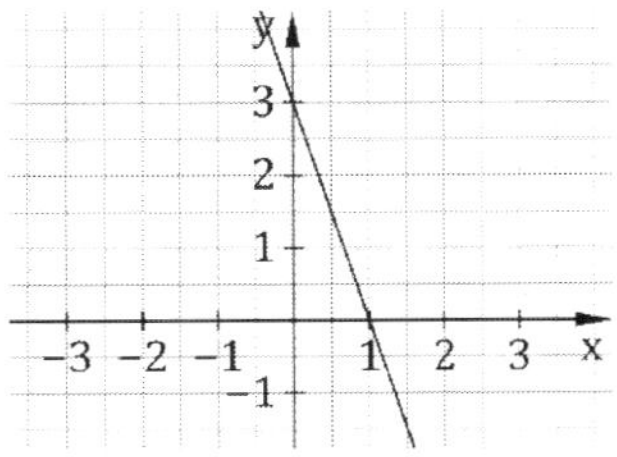
(1|0); (0,5|1,5); (0|3);

e)
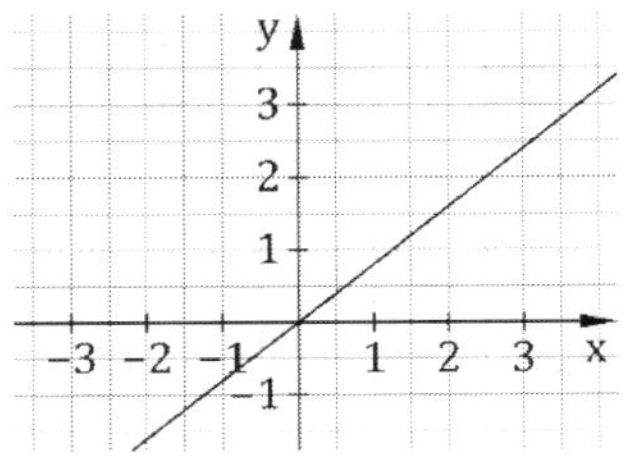
(0|0); (1|0,8); (2|1,6)

b)
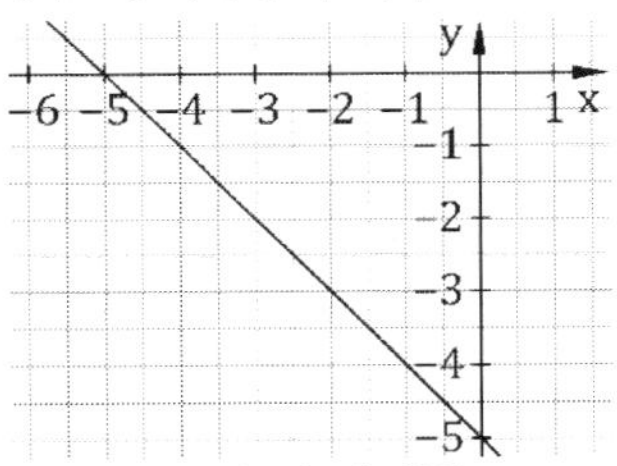
(1|−6); (−1|−4); (−5|0)

d)
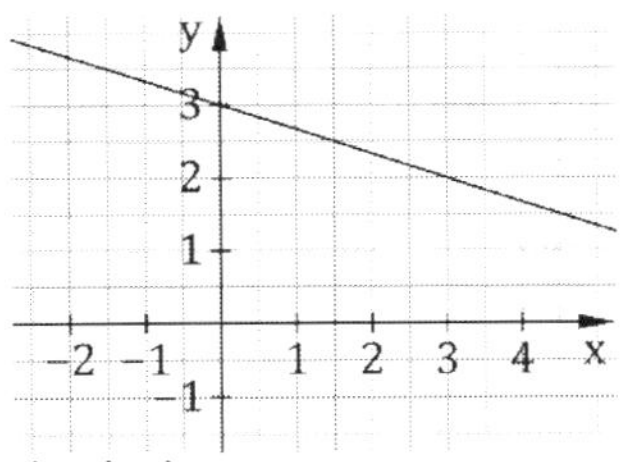
$\left(-1\middle|\frac{10}{3}\right)$; (0|3); (3|2)

f)
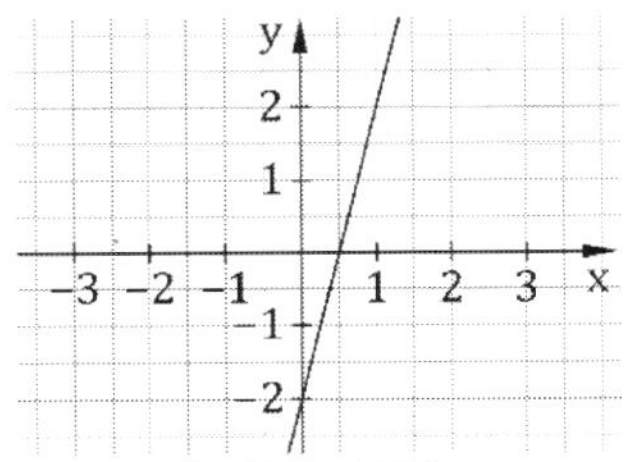
(0|−2); (0,5|0); (1|2);

Seite 143 | Aufgabe 5

a) 1.Möglichkeit:
x: weiße Bausteine; y: rote Bausteine. $x = 3y$, mögliche Lösungen: (3|1); (6|2); (9|3)
2.Möglichkeit:
x:rote Bausteine; y:weiße Bausteine. $3x = y$, mögliche Lösungen: (1|3); (2|6); (3|9)

b) 1.Möglichkeit:
x: weiße Bausteine; y: grüne Bausteine. $x = y - 10$, mögliche Lösungen: (1|11); (2|12); (3|13)
2.Möglichkeit:
x: grüne Bausteine; y: weiße Bausteine. $x = y + 10$, mögliche Lösungen: (11|1); (12|2); (13|3)

Seite 143 | Aufgabe 6

a)
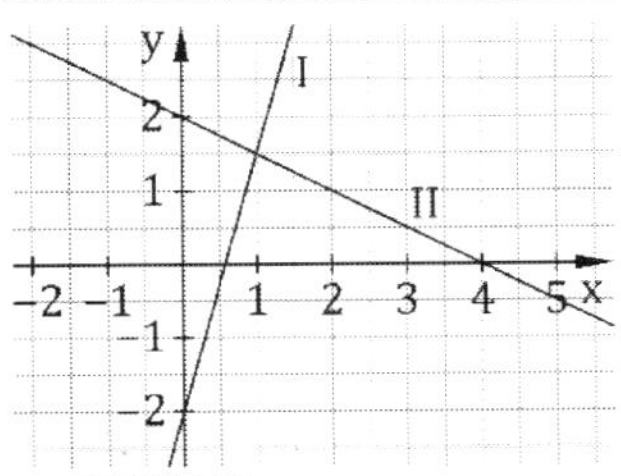

L={(1|1,5)}

b)
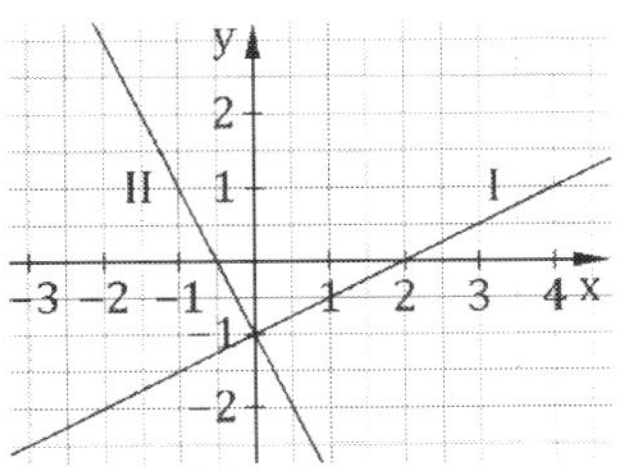

L={(0|−1)}

c)
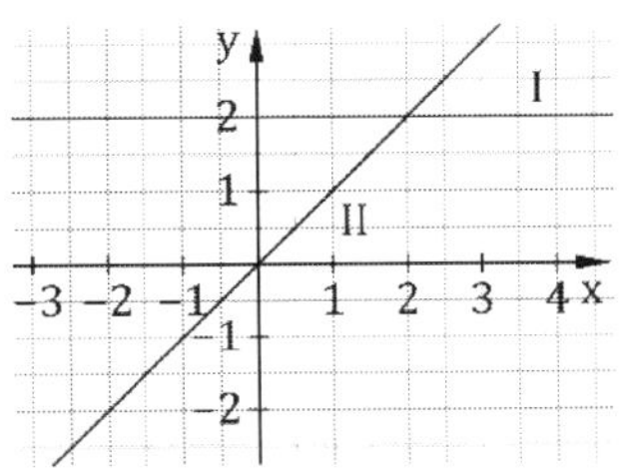

L={(2|2)}

Seite 143 | Aufgabe 7

a)

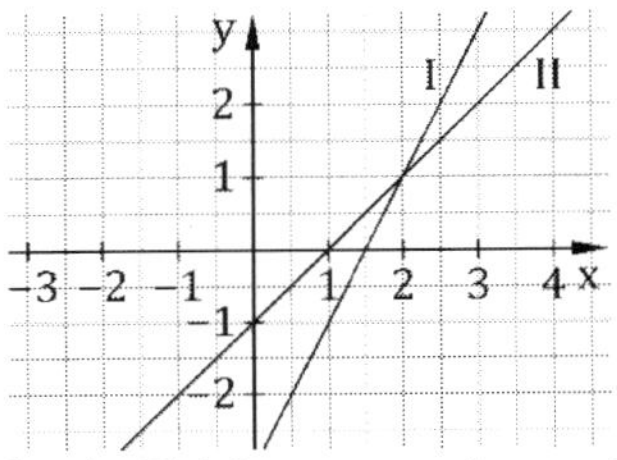

beide Gleichungen nach y umformen:

(I)‘ $y = 2x - 3$

(II)‘ $y = x - 1$

$L = \{(2|1)\}$

b)

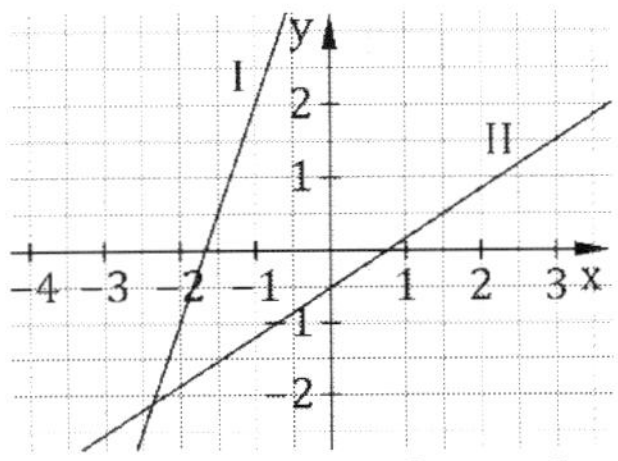

erste Gleichung nach y umformen:

(I)‘ $y = 3x + 5$

$L = \left\{\left(-2\frac{5}{14}\middle|-2\frac{1}{14}\right)\right\}$

c)

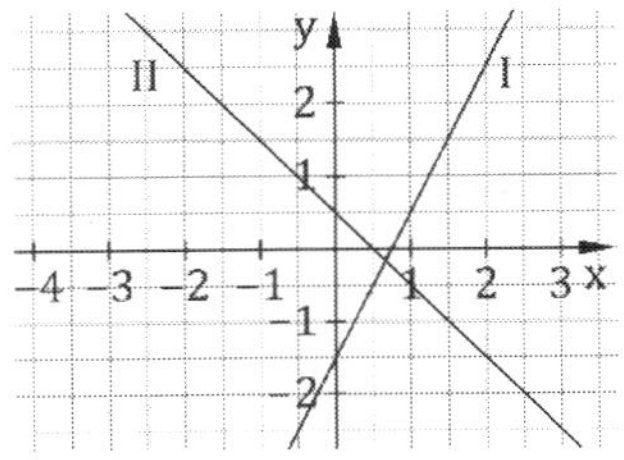

beide Gleichungen nach y umformen:

(I)‘ $y = 2x - 1{,}5$

(II)’ $y = 0{,}5 - x$

$L = \left\{\left(\frac{2}{3}\middle|-\frac{1}{6}\right)\right\}$

Seite 143 | Aufgabe 8

a) $(-0{,}5|0)$ ist Lösung, $(-0{,}5|1)$ nicht

b) $(2{,}5|2)$ ist Lösung, $(2|4)$ nicht

c) $(-3|3)$ ist Lösung, $(3|-3)$ nicht

Seite 143 | Aufgabe 9

a) x, y: die beiden Seiten des Rechtecks

(I) $y = x + 4$

(II) $28 = 2x + 2y$

(II)‘ $y = 14 - x$

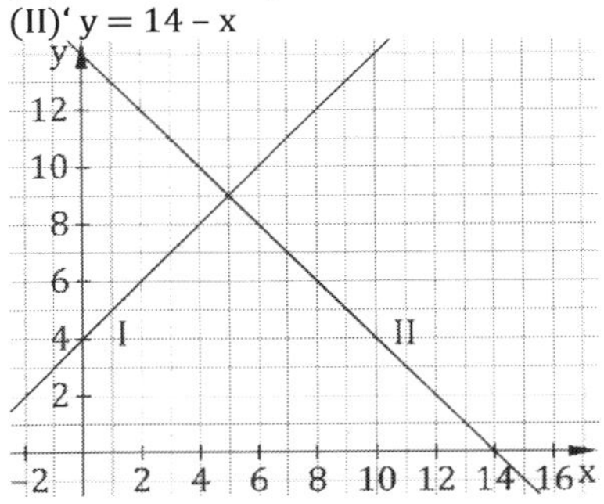

$L = \{(5|9)\}$

Das Rechteck hat die Seitenlängen 5 cm und 9 cm.

b) x: Preis einer Gurke; y: Preis einer Schale Tomaten

(I) $x + y = 3{,}60$

(II) $4x + 4y = 14{,}40$

(I)‘ $y = 3{,}60 - x$

(II)’ $y = 3{,}60 - x$

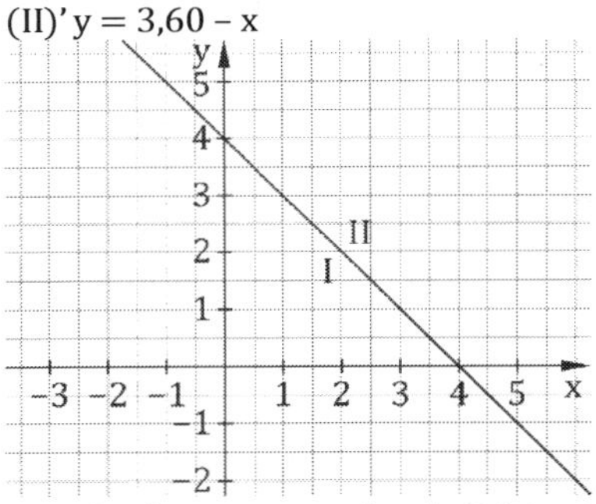

Das Gleichungssystem hat beliebig viele Lösungen. Mit diesen Informationen kann man die Preise nicht berechnen.

c) x: Seitenzahl eines Hefts, y: Seitenzahl eines Buchs

(I) $y = 12x$

(II) $2x + 3y = 760$

(II)‘ $y = 253\frac{1}{3} - \frac{2}{3}x$

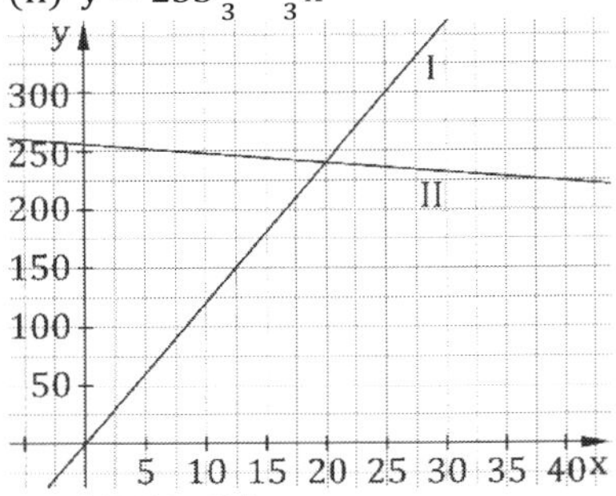

$L = \{(20|240)\}$

Eines dieser Hefte hat 20 Seiten, eines der Bücher 240.

d) x: Fettanteil Joghurt, y: Fettanteil Butter

(I) $3y + 2x = 244$

(II) $y = 40x$

(I)’ $y = 81\frac{1}{3} - \frac{2}{3}x$

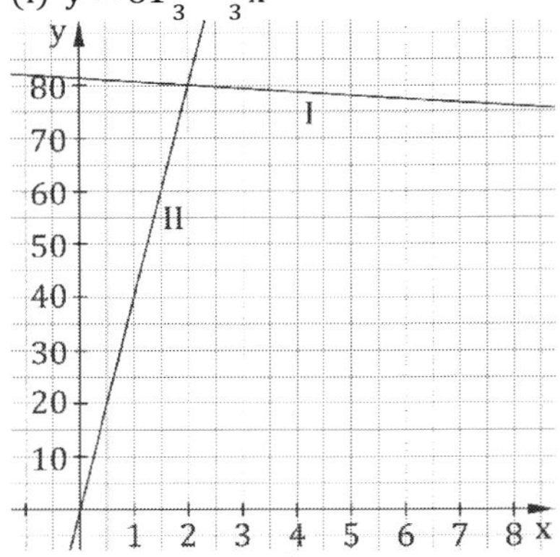

$L = \{(2|80)\}$

In einem Becher Joghurt befinden sich 2 g Fett, in einem Stück Butter 80 g.

Seite 143 | Aufgabe10

(I) $y = 15x + 5$
(II) $y = 10x + 20$

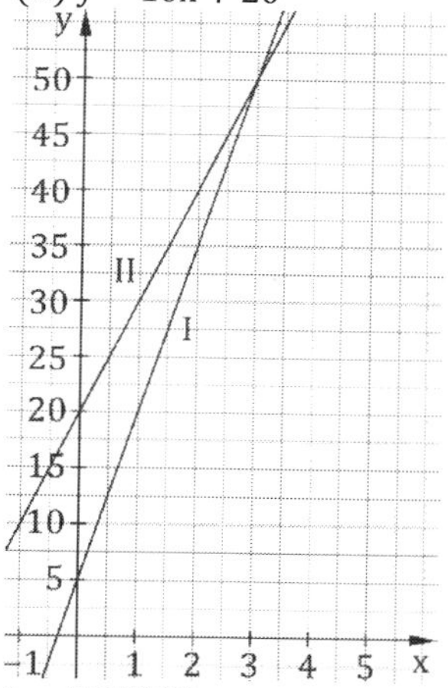

$L = \{(3|50)\}$
Die beiden Arten sind nach 3 Tagen beide 50 cm groß.

Seite 144 | Aufgabe 11

Wenn man die Gleichungen umformt, kann man erkennen, ob die Graphen parallel verlaufen, identisch sind oder sich schneiden.

a) (I)' $y = \frac{3}{4}x - 2$
(II)' $y = \frac{3}{4}x - 2$
Die Gleichungen sind identisch
unendlich viele Lösungen

b) (I)' $y = x$
(II)' $y = x - 1{,}1$
Die Graphen verlaufen parallel
keine Lösung

c) (I)' $y = -\frac{3}{4}x + 3$
(II)' $y = -\frac{3}{4}x + 2{,}25$
Die Graphen verlaufen parallel
keine Lösung

Seite 144 | Aufgabe 12

a) (I)' $y = -x + 1$
(II)' $y = 3x + 2$
Steigung und Abschnitt verschieden
eine Lösung: $(-0{,}25|1{,}25)$

b) (I)' $y = -0{,}5x + 2$
(II)' $y = -0{,}5x - 1$
Steigung gleich, Abschnitt verschieden
keine Lösung

c) (I)' $y = 3x + 6$
(II)' $y = 3x + 6$
Steigung und Abschnitt gleich
unendlich viele Lösungen

d) (I)' $y = 2x - 2$
(II)' $y = 2x - 2$
Steigung und Abschnitt gleich
unendlich viele Lösungen

e) (I)' $y = 2x + 3$
(II)' $y = 2x + 2$
Steigung gleich, Abschnitt verschieden
keine Lösung

f) (I)' $y = 2x - 4$
(II)' $y = 0{,}5x - 2$
Steigung und Abschnitt verschieden
eine Lösung: $\left(\frac{4}{3}\middle|-\frac{4}{3}\right)$

Seite 144 | Aufgabe 13

Beispiellösung:

eine Lösung
(I) $y = -3x + 4$
(II) $y = 3x + 2$

unendlich viele Lösungen
(I) $y = -3x + 4$
(II) $2y = -6x + 8$

keine Lösung
(I) $y = -3x + 4$
(II) $y = -3x + 2$

Seite 144 | Aufgabe 14

a) (I) $y = 2{,}5x - 1$
(II) $y = 0{,}5x + 1$
b) individuelle Lösungen

Seite 144 | Aufgabe 15

Höhe Wendelstein: 1838 m; Höhe Wendelsteinbahn Talstation bei Osterhofen: 792 m
y: Höhe in Metern, x: Zeit in Stunden seit 12:00
Claudia: $y = 792 + 250x$; Hans: $y = 1838 - 350x$
Lösung: $x \approx 1{,}743$; $y \approx 1227{,}83$
Hans und Claudia treffen sich nach etwa 1 Stunde und 45 Minuten auf ca. 1228 m Höhe
Annahme: Hans und Claudia laufen immer in der gleichen Geschwindigkeit.

Seite 145 | Aufgabe 16

Wenn die Steigung identisch und der y-Achsenabschnitt unterschiedlich ist, sind die beiden Geradengleichungen parallel, aber nicht identisch. In dem Fall gibt es keine Lösung.
Wenn die Steigung und der y-Achsenabschnitt identisch sind, sind die beiden Geradengleichungen identisch. Es gibt unendlich viele Lösungen.
Wenn die Steigung sich von der Steigung der anderen Geradengleichung unterscheidet, haben sie einen Schnittpunkt. Es gibt eine Lösung.

Seite 145 | Aufgabe 17

Diese Bedingung gilt für die Zahlen 56, 65, 74, 83, 92

Seite 145 | Aufgabe 18

Basilikum: $y = mx + 2$; aus $y(5) = 9{,}5$ folgt $9{,}5 = 5m + 2$; also $m = 1{,}5$

Basilikum: $y = 1{,}5x + 2$; Schnittlauch: $y = 4{,}5x + 1$; y: Höhe in cm; x: Zeit in Wochen

Lösung: $x = \frac{1}{3}$; $y = 2{,}5$

Nach einer Drittel Woche, also $2\frac{1}{3}$ Tagen, sind Schnittlauch und Basilikum 2,5 cm hoch.

Seite 145 | Aufgabe 19

x; y: Seitenlängen des Rechtecks in cm

(I) $14 = 2x + 2y$

(II) $x \cdot y - 4 = (x + 1) \cdot (y - 2)$

(II)' $y = 2x - 2$

Lösung: $x = 3$; $y = 4$

Das ursprüngliche Rechteck hat die Seitenlängen 4 cm und 3 cm.

Seite 145 | Aufgabe 20

a) (I) $y = 0{,}32x + 8{,}9$
   (II) $y = 0{,}34x + 7{,}5$

b) Um den Schnittpunkt ablesen zu können, müsste die x-Achse stark gestaucht werden. (beispielsweise 1 cm = 10 €).

c) L={70|31,3}
   Bei einem Stromverbrauch unter 70 kWh pro Monat ist Anbieter B billiger, darüber Anbieter A.

Seite 145 | Aufgabe 21

a) Beide Geraden haben den y-Achsenabschnitt 0. Somit können die Geraden sich kreuzen oder identisch sein, aber nicht parallel verlaufen.

b) Es gibt unendlich viele Lösungen, wenn gilt $c = k \cdot a$ und $d = k \cdot b$ mit dem gleichen Faktor k.

Seite 145 | Aufgabe 22

(I) $y = x + 1$

(II) $y = 2(x - 1)$

Lösung: $x = 3$; $y = 4$

Es gibt 3 Tische und 4 Blumenvasen.

6.2 Rechenverfahren zum Lösen linearer Gleichungssysteme

Seite 146 | Einstieg

Wenn man Gleichung (II) nach y umstellt, erhält man das folgende Gleichungssystem:

(I) $y = 3{,}6x - 2$

(II) $y = 1{,}3x + 3$

Wenn man die Gleichungen gleichsetzt, erhält man $x \approx 2{,}1738$ und $y \approx 5{,}8261$. Diese Werte kann man nicht genau aus einer Zeichnung ablesen.

Seite 148 | Aufgabe 1

a) L={(2|1)}

b) L={(-22|-8)}

c) $L = \left\{\left(-11\,\middle|\,\frac{16}{3}\right)\right\}$

Seite 148 | Aufgabe 2

a) (I)' $y = 0{,}5x - 4$
   (II)' $y = -4x + 2$

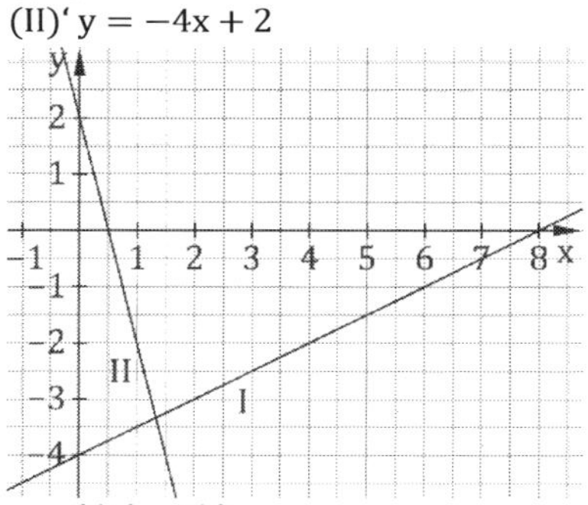

$L = \left\{\left(\frac{4}{3}\,\middle|\,-\frac{10}{3}\right)\right\}$

b) (I)' $y = 1{,}5x - 2{,}5$
   (II)' $y = 1{,}5x - 2{,}5$

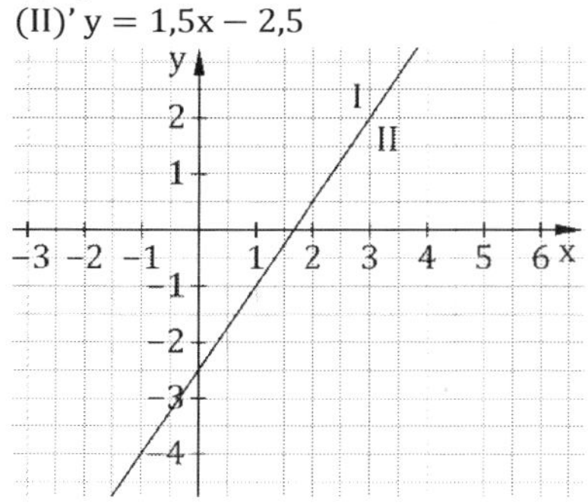

$L = \{(x|y) \mid y = 1{,}5x - 2{,}5\}$

Seite 148 | Aufgabe 3

Eine Lösung ist nur dann richtig, wenn sie beide Gleichungen eines Gleichungssystems erfüllt.

Seite 148 | Aufgabe 4

a) Die Gleichungen wurden nicht richtig umgeformt, außerdem sollten beide nach y aufgelöst werden
   (I)' $y = -\frac{1}{6}x + \frac{8}{3}$
   (II)' $y = \frac{1}{2}x + 2$
   $L = \{(1|2{,}5)\}$

b) Die Gleichsetzung ist zwar richtig, allerdings wurde damit keine Variable eliminiert und man kommt der Lösung nicht näher.
   (I)' $b = -0{,}5a + 4{,}5$
   (II)' $b = 3a + 16$
   $L = \left\{\left(-3\frac{2}{7}\middle|6\frac{1}{7}\right)\right\}$

Seite 149 | Aufgabe 5

a) $L = \left\{\left(\frac{17}{6}\middle|-\frac{7}{3}\right)\right\}$

b) $L = \{(2|-3)\}$

c) $L = \left\{\left(-\frac{25}{19}\middle|\frac{39}{38}\right)\right\}$

Seite 149 | Aufgabe 6

a) $L = \left\{\left(-\frac{2}{3}\middle|\frac{5}{12}\right)\right\}$

b) $L = \left\{\left(\frac{42}{23}\middle|-\frac{418}{23}\right)\right\}$

c) $L = \{(g|h)|g = 2h - 3\}$

Seite 149 | Aufgabe 7

a) Beim Einsetzen wurde das Minuszeichen vor y in (I) nicht berücksichtigt. Richtig ist
   (I)' $y = 15 + 7x$
   y in (II) $2 \cdot (15 + 7x) = 4x$
   $L = \{(-3|-6)\}$

b) Beim Einsetzen wurde die Klammer nicht berücksichtigt. Richtig ist
   (I)' $y = 15 + 7x$
   y in (II) $4 \cdot (2x + 3) = 36 - 8x$
   $8x + 12 = 36 - 8x$
   $L = \{(1{,}5|6)\}$

Seite 149 | Aufgabe 8

x: Anzahl der Einzelzimmer, y: Anzahl der Doppelzimmer
(I) $x + 2y = 82$
(II) $x + y = 54$
$L = \{(26|28)\}$
Das Hotel hat 26 Einzelzimmer und 28 Doppelzimmer.

Seite 149 | Aufgabe 9

a) keine Lösung, da die beiden Geraden parallel zueinander laufen.

b) unendlich viele Lösungen, da Gleichung (II) ausmultipliziert ergibt
   $-6x - 2y = -6$, wenn man mit -1 multipliziert, ergibt sich Gleichung (I).
   Die beiden Geradengleichungen sind damit identisch.

c) eine Lösung, da sich durch umformen ergibt:
   (I) $p = 0{,}5q + 2$
   (II) $p = -0{,}5q - 2$
   Die Steigungen sind unterschiedlich, es existiert also ein Schnittpunkt der Graphen: $L = \{(0|-4)\}$.

Seite 149 | Aufgabe 10

Das Einsetzverfahren ist wahrscheinlich schneller, da es länger dauert, die 2. Gleichung nach y aufzulösen, als direkt einzusetzen. $L = \left\{\left(\frac{52}{27}\middle|5\frac{10}{27}\right)\right\}$

Seite 149 | Aufgabe 11

a) ① Gleichsetzverfahren; $L = \{(1|-2)\}$ ② Einsetzverfahren; $L = \{\}$

b) individuelle Lösungen

Seite 149 | Aufgabe 12

a) Gleichsetzverfahren, da Gleichung (II) dazu nur mit -1 multipliziert werden muss. $L = \left\{\left(-1\middle|-\frac{10}{3}\right)\right\}$

b) Einsetzverfahren, da nur (I) leicht nach f umgeformt werden kann. $L = \left\{\left(7\frac{11}{23}\middle|-\frac{14}{23}\right)\right\}$

c) Gleichsetzverfahren, da beide Gleichungen schon nach c umgeformt sind. $L = \{(3{,}4|2{,}8)\}$

Seite 150 | Aufgabe 13

a) Tankinhalt Inga: 10,5 Liter, Verbrauch Inga: $\frac{2{,}8\,l}{100\,km}$; Reichweite Inga: $r_{Inga} = \frac{10{,}5\,l}{2{,}8\,l} \cdot 100\,km = 375\,km$
   Tankinhalt Felix: 13 Liter, Verbrauch Felix: $\frac{3{,}5\,l}{100\,km}$; Reichweite Felix: $r_{Felix} = \frac{13\,l}{3{,}5\,l} \cdot 100\,km \approx 371\,km$

b) x: Strecke in 100 km, y: Tankinhalt in Litern
   (I) $y = 10{,}5 - 2{,}8x$
   (II) $y = 13 - 3{,}5x$
   $L = \left\{\left(\frac{25}{7}\middle|0{,}5\right)\right\}$
   Wenn beide etwa 357,14 km gefahren sind, haben sie jeweils 0,5 l Benzin im Tank.

Seite 150 | Aufgabe 14

a) Die Gleichung, die durch das Einsetzen entstanden ist, wurde nicht richtig aufgelöst. Richtig ist:
   $2 - x + 10 = 4x$
   $12 = 5x$
   $L = \{(2{,}4|-0{,}4)\}$

b) Da die Konstanten gleichgesetzt wurden, kann man das Gleichungssystem so nicht lösen. Richtig ist:
   (I) $y = 3 - 1{,}5x$
   (II) $y = \frac{2}{3}x - 2$
   $L = \left\{\left(\frac{30}{13} \middle| -\frac{6}{13}\right)\right\}$

Seite 150 | Aufgabe 15

a) x :Alter von Carl, y: Alter von Sina
   (I) $x + y = 83$
   (II) $x + 10 = 2y$
   $L = \{(52|31)\}$
   Carl wird 52 Jahre alt, Sina 31.
b) (I) $a - 4 = 2b$
   (II) $a + 2 = 3b$
   $L = \{(16|6)\}$
   Die gesuchten Zahlen sind $a = 16$ und $b = 6$.

Seite 150 | Aufgabe 16

x: Einkaufspreis einer Handtasche, y: Einkaufspreis eines Paars Schuhe
(I) $50x + 30y = 2325$
(II) $50 \cdot 1{,}3 \cdot x + 30 \cdot 1{,}4 \cdot y = 3187{,}5$
$L=\{(13{,}5|55)\}$
Im Einkauf kostet eine Handtasche 13,50 € und ein Paar Schuhe 55 €.

Seite 150 | Aufgabe 17

Im gleichschenkligen Dreieck ist $\alpha = \beta$.
(I) $180 = \alpha + \beta + \gamma = 2\alpha + \gamma$
(II) $\gamma = 3\alpha$
$L = \{(108|36)\}$
Die Innenwinkel des Dreiecks sind $\alpha = 36°$; $\beta = 36°$; $\gamma = 108°$.

Seite 151 | Aufgabe 18

a) $L = \left\{\left(\frac{4}{3} \middle| -\frac{11}{15}\right)\right\}$ b) $L = \{\}$ c) $L = \left\{\left(\frac{23}{4} \middle| \frac{5}{4}\right)\right\}$ d) $L=\{(\pm 10|9)\}$

Seite 151 | Aufgabe 19

a) (I) $5 = 3m + t$
   (II) $-2 = -3m + t$
   $L = \left\{\left(\frac{7}{6} \middle| 1{,}5\right)\right\}$, also $y = \frac{7}{6}x + 1{,}5$
b) Steigung: $m = \frac{\Delta y}{\Delta x} = \frac{-2-5}{-3-3} = \frac{7}{6}$. Setzt man einen der gegebenen Punkte in $y = \frac{7}{6}x + b$ ein, erhält man $b = 1{,}5$.
c) individuelle Lösungen

Seite 151 | Aufgabe 20

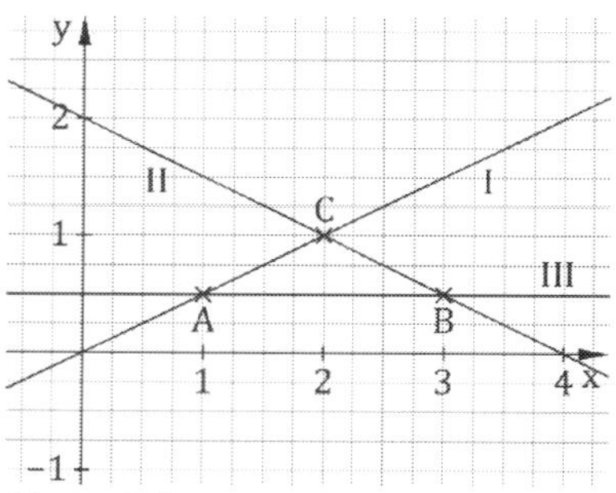

(I) $y = 0{,}5x$
(II) $y = -0{,}5x + 2$
(III) $y = 0{,}5$
Durch Lösen der Gleichungssysteme aus (I) und (III); (II) und (III) sowie (II) und (III) berechnet man die Schnittpunkte und damit die Eckpunkte des Dreiecks.
Schnittpunkt von (I) und (III): A(1|0,5); Schnittpunkt von (II) und (III): B(3|0,5); Schnittpunkt von (II) und (III): C(2|1).
Flächeninhalt: $A = \frac{(3-1)\cdot(1-0{,}5)}{2} = 0{,}5$ FE

Seite 151 | Aufgabe 21

a) (II) mit 4 multiplizieren
   (I) $8y = 4x + 15$
   (II)' $8y = 4x + 15$
   Es gibt unendlich viele Lösungen.

b) (I) nach 2b umstellen:
   (I)' $10a = 2b$
   (II) $10a = 2b$
   Es gibt unendlich viele Lösungen.

c) (I) nach x umstellen:
   (I)' $x = -3y + 7$
   (II) $x = -2y + 8$
   Es gibt eine Lösung.

Seite 151 | Aufgabe 22

Beispiellösung:
(I) $2x + 10y = 0$
(II) $6x + 90y = 0$
Die Vorfaktoren sind beliebig, solange (I) und (II) nicht identisch sind.

Seite 151 | Aufgabe 23

Beispiellösung bei a) und c):

a) Genau eine Lösung:
(I) $5x + 3y = 7,5$
(II) $2,5x + 4y = 3,5$

b) unendlich viele Lösungen:
(I) $5x + 8y = 7,5$
(II) $2,5x + 4y = 3,75$

c) keine Lösung:
(I) $5x + 8y = 7,5$
(II) $2,5x + 4y = 9$

Seite 151 | Aufgabe 24

x: Anzahl der Erwachsenen, y: Anzahl der Kinder
(I) $x + y = 1235$
(II) $x \cdot 30 + y \cdot 20 = 32\,230$
$L = \{(753|482)\}$
Es waren 753 Erwachsene und 482 Kinder im Freizeitpark.

Seite 151 | Aufgabe 25

a) x : Länge der kürzeren Seite, y: Länge der längeren Seite
(I) $y = 3x$
(II) $1,2x + 3,75 = 0,9y$
$L = \{(2,5|7,5)\}$
Die kürzere Seite ist 2,5 cm lang, die längere 7,5.
b) individuelle Lösungen

Seite 151 | Aufgabe 26

(I) $180 = \alpha + 100 + 0,5\beta$ (I)' $\alpha = 80 - 0,5\beta$
(II) $180 = 2\alpha + 20 + \beta$ (II)' $2\alpha = 160 - \beta$
Es gibt unendlich viele Lösungen, Lösung sind alle Winkelkombinationen, für die gilt $\alpha = 80 - 0,5\beta$.

Seite 152 | Aufgabe 27

x :Anzahl der Sitze der CDU/CSU, y: Anzahl der Sitze der SPD
(I) $x = y + 94$
(II) $x + y = 0,56 \cdot 709 = 398$ (aufgerundet wegen der entsprechenden Bemerkung in der Aufgabe)
$L = \{(246|152)\}$
Die CDU/CSU hat im 19. Bundestag 246 Sitze, die SPD 152.

Seite 152 | Aufgabe 28

a) Der Main fließt von Stammheim nach Volkach, da in Flussrichtung die Fahrt immer schneller geht.
b) x: Geschwindigkeit des Schiffs (ohne Einfluss des fließenden Flusses) in km/h, y: Fließgeschwindigkeit in km/h
Das Schiff braucht für den Hinweg 40 Minuten, also $\frac{2}{3}$ Stunden, für den Rückweg 50 Minuten, das sind $\frac{5}{6}$ Stunden.
Die Strecke, die das Schiff entlang des Mains fährt, wird mit der Karte abgeschätzt, sie ist etwa 10 km lang.
(I) $\frac{10\text{ km}}{x+y} = \frac{2}{3}$
(II) $\frac{10\text{ km}}{x-y} = \frac{5}{6}$
$L = \{(13,5|1,5)\}$
Das Schiff fährt mit einer durchschnittlichen Geschwindigkeit von $13,5\,\frac{\text{km}}{\text{h}}$, der Main fließt mit $1,5\,\frac{\text{km}}{\text{h}}$.
c) Die Messung der Strecke des Mains ist sehr ungenau

Seite 152 | Aufgabe 29

x: Zinsen am Ende das Jahres, y: maximales Startkapital bei ihrer Hausbank
(I) $x = y \cdot 0,003$
(II) $x = (y + 20\,000) \cdot 0,0025$
$L = \{(300|100\,000)\}$
Frau Marbach darf demnach bei ihrer Hausbank maximal 100 000 € anlegen, bei der Konkurrenzbank 120 000 €.

Seite 152 | Aufgabe 30

a) (I) $x + y = 800$
(II) $x - y = 388$
$L = \{(594|206)\}$
Die beiden Zahlen sind 594 und 206.
b) d ist die Differenz der Zahlen, s die Summe. Aus
(I) $x + y = s$
(II) $x - y = d$
folgt: $x = \frac{s+d}{2}$ und $y = \frac{s-d}{2}$.

Seite 152 | Aufgabe 31

In diesen Gleichungssystemen gibt es drei statt zwei Gleichungen mit zwei Unbekannten. Man kann die Variablen mit zwei der Gleichungen bestimmen und muss dann überprüfen, ob das Ergebnis auch die dritte Gleichung erfüllt. Wenn dies nicht der Fall ist, ist die Lösungsmenge leer.

a) Lösung aus (I) und (III): $L^* = \{(4|-4)\}$.
Da dies auch die Gleichung (II) erfüllt, ist die Lösungsmenge des gesamten Gleichungssystems $L = \{(4|-4)\}$.

b) Lösung aus (I) und (III): $L^* = \{(4|-3)\}$
Da dies aber Gleichung (II) nicht erfüllt, ist die Lösungsmenge des gesamten Gleichungssystems leer: $L = \{\}$.

Seite 152 | Aufgabe 32

Die Eckpunkte des Parallelogramms sind die Schnittpunkte der vier Geraden, die seine Seiten bilden.
Neben den beiden gegebenen Geraden sind dies zwei Geraden, die zu den gegebenen parallel sind.
Der Punkt (7|5) liegt auf keiner der gegebenen Geraden. Er muss also auf den beiden anderen liegen.
Für die beiden gesuchten Geraden gilt: $y = k$ und $y = 2x + t$.
Einsetzen von (7|5) liefert: $y = 5$ und $y = 2x - 9$.
Jetzt können die restlichen Schnittpunkte berechnet werden:
A(4|5); B(3|3); C(6|3); D(7|5)

Methode: Additionsverfahren

Seite 154 | Aufgabe 1

a) $L = \{(9|12)\}$ b) $L = \{(-2{,}2|2{,}7)\}$ c) $L = \{(2|2)\}$

Seite 154 | Aufgabe 2

a) $L = \{(24|-20)\}$ b) $L = \{(4|-1)\}$ c) $L = \left\{\left(5 + 0{,}5q\,\middle|\,\frac{1}{3}q\right)\right\}$

Seite 154 | Aufgabe 3

Beispiellösungen:
(II) $-4x + 7 = 2y$
(II) $2x - 2 = -9y$
(II) $-3x + 8 = -9y$

Seite 154 | Aufgabe 4

Beispiel:

(I) $4x + 7 = 5y$
(II) $4x - 2 = 2y$

(I) – (II): $4x + 7 - (4x - 2) = 5y - 2y$
$9 = 3y$
$L = \{(2|3)\}$

Auch auf diese Weise kann man ein Gleichungssystem lösen. Man kommt zu dem gleichen Ergebnis, wenn man die zweite Gleichung mit –1 multipliziert und anschließend die beiden Gleichungen addiert.

Seite 154 | Aufgabe 5

Mit den in der Aufgabe angegebenen Multiplikationen erhält man:
(I) $-adx + (-dby) = -dc$
(II) $adx + aey = af$
Addiert man die beiden Gleichungen, erhält man:

$$-adx - dby + adx + aey = -dc + af$$
$$-dby + aey = -dc + af$$
$$(-db + ae)y = -dc + af$$
$$y = \frac{-dc+af}{-db+ae}$$

Die Terme adx und –adx heben sich bei der Addition also immer auf und man kann y bestimmen, falls $-db + ae \neq 0$.

Seite 154 | Aufgabe 6

Individuelle Lösungen

7 Kreis, Prisma und Zylinder

7.1 Umfang und Flächeninhalt des Kreises

Seite 159 | Einstieg

a) individuelle Lösungen
b) individuelle Lösungen. Umfang und Durchmesser sind proportional zueinander. Der Graph ist also (näherungsweise) eine Gerade durch den Ursprung mit der Steigung m = 3,14.

Seite 162 | Aufgabe 1

	a)	b)	c)	d)	e)	f)
r	4,5 cm	900 km	$\frac{24,8}{2\pi}$ mm ≈ 3,9 mm	π cm ≈ 3,14 cm	0,25 · π m ≈ 0,79 m	1 m
d	9 cm	1800 km	$\frac{24,8}{\pi}$ mm ≈ 7,9 mm	2 · π cm ≈ 6,28 cm	0,5 · π m ≈ 1,57 m	2 m
u	9 · π cm ≈ 28,27 cm	1800 · π km ≈ 5654,87 km	24,8 mm	2 · π · π cm ≈ 19,74 cm	0,5 · π · π cm ≈ 4,93 m	2 · π m ≈ 6,28 m

Seite 162 | Aufgabe 2

a) Der Innendurchmesser des Rings beträgt etwa 17 mm. Damit braucht Paula einen Ring mit etwa 53,4 mm Innenringumfang.
b) Ein Ring der Größe 63 hat einen Innendurchmesser von etwa 20 mm. Er ist Sara also zu groß.

Seite 162 | Aufgabe 3

	a)	b)	c)	d)	e)	f)
r	8,0 m	0,75 km	15 mm	π cm ≈ 3,14 cm	5 dm	1,2 km
d	16,0 m	1,5 km	30 mm	2π cm ≈ 6,28 cm	10 dm	2,4 km
A	201,06 m^2	1,77 km^2	706,5 mm^2	π^3 cm^2 ≈ 31 cm^2	25 · π dm^2 ≈ 78,54 dm^2	4,524 km^2

Seite 163 | Aufgabe 4

a) A = 0,785 km^2 = 78,5 ha; ein flächengleiches rechteckiges Feld könnte z. B. die Seitenlänge 1 km und 0,785 km haben.
b) Bei einem doppelt so langen Arm vervierfacht sich der Flächeninhalt, bei einem halb so langen ist er noch ein Viertel so groß.

Seite 163 | Aufgabe 5

Pizza	mittel 28 cm	groß 32 cm	Family 46 x 33 cm	Party 60 x 40 cm
Fläche	615,75 cm^2	804,25 cm^2	1518 cm^2	2400 cm^2
Preis pro cm^2 Margarita	0,88 $\frac{\text{Cent}}{\text{cm}^2}$	0,80 $\frac{\text{Cent}}{\text{cm}^2}$	0,92 $\frac{\text{Cent}}{\text{cm}^2}$	0,79 $\frac{\text{Cent}}{\text{cm}^2}$
Preis pro cm^2 Funghi	1,04 $\frac{\text{Cent}}{\text{cm}^2}$	0,92 $\frac{\text{Cent}}{\text{cm}^2}$	0,98 $\frac{\text{Cent}}{\text{cm}^2}$	0,83 $\frac{\text{Cent}}{\text{cm}^2}$

Am wenigsten pro cm^2 zahlt man bei beiden Pizza-Sorten bei den Party-Größen. Hier gibt es also am meisten Pizza für's Geld.

Seite 163 | Aufgabe 6

A = 500 cm^2; r ≈ 12,5 cm A = 700 cm^2; r ≈ 15 cm A = 1000 cm^2; r ≈ 17,8 cm

Seite 163 | Aufgabe 7

	a)	b)	c)	d)	e)	f)	g)	h)
r	12 cm	1,7 m	0,5 km	13,5 dm	8,28 dm	2 m	22,6 mm	1 m
d	24 cm	3,4 m	1 km	27 dm	16,55 dm	4 m	45,2 mm	2 m
u	75,40 cm	10,68 m	3,14 km	84,82 dm	52 dm	12,57 m	142 mm	6,28 m
A	452,39 cm^2	9,08 m^2	0,79 km^2	572,56 dm^2	215,18 dm^2	12,57 m^2	1604,6 mm^2	3,14 m^2

Seite 163 | Aufgabe 8

a) wahr, Radius und Umfang sind proportional zueinander.
b) falsch; halbiert man bei einem Kreis den Durchmesser, so reduziert sich sein Flächeninhalt auf ein Viertel.
c) wahr; dann verdoppelt sich auch der Radius und damit erhöht sich der Flächeninhalt um den Faktor $2^2 = 4$.
d) wahr.; Radius und Umfang sind proportional zueinander.

Seite 163 | Aufgabe 9

Pauls Überlegungen sind falsch. Der Flächeninhalt nimmt nicht proportional ab, sondern die Fläche der kleinen und der großen Kuchenform haben das Verhältnis $\frac{\pi \cdot 21^2}{\pi \cdot 28^2} = \frac{9}{16} = 0{,}5625$.

Paul braucht also nur $\frac{9}{16}$ seiner ursprünglichen Zutaten, das sind etwas mehr als die Hälfte.

Seite 164 | Aufgabe 10

a) Umfang des Rades: u = 4,398 m; Umdrehung pro 1000 m: $\frac{1000\text{ m}}{4,398} \approx 227,36$.
Das Vorderrad dreht sich auf der Strecke ca. 227,36 Mal.

b) Der Durchmesser des kleinen Rades beträgt etwa ein Viertel des großen Rades, also ca. 0,35 m.
Umfang: u = 1,100 m; Umdrehung pro 1000 m: $\frac{1000\,m}{1,100} \approx 909,46$
Das kleine Rad dreht sich auf 1 km etwa 909,46 Mal, also viermal so oft wie das große Rad.

c) Der Durchmesser müsste genau die Hälfte des Durchmessers des großen Rades sein.

Seite 164 | Aufgabe 11

a) $A = A_{groß} - 2 \cdot A_{klein} = \pi \cdot (3\text{ cm})^2 - 2 \cdot \pi \cdot (1,5\text{ cm})^2 \approx 28,274\text{ cm}^2 - 2 \cdot 7,069\text{ cm}^2 = 14,137\text{ cm}^2$

b) $A = A_{Quadrat} - A_{Kreis} = (3\text{ cm})^2 - \pi \cdot (1\text{ cm})^2 \approx 9\text{ cm}^2 - 3,142\text{ cm}^2 = 5,858\text{ cm}^2$

c) $A = A_{Quadrat} - \frac{1}{4} \cdot A_{Kreis} = (3\text{ cm})^2 - \frac{1}{4} \cdot \pi \cdot (1\text{ cm})^2 \approx 9\text{ cm}^2 - 0,785\text{ cm}^2 = 8,215\text{ cm}^2$

d) $A = A_{Rechteck} - \frac{1}{2} \cdot A_{Kreis} = 3\text{ cm} \cdot 6\text{ cm} - \frac{1}{2} \cdot \pi \cdot (3\text{ cm})^2 \approx 18\text{ cm}^2 - 14,137\text{ cm}^2 = 3,863\text{ cm}^2$

e) $A = \frac{1}{2} \cdot A_{groß} = \frac{1}{2} \cdot \pi \cdot (3\text{ cm})^2 \approx 14,137\text{ cm}^2$

f) $A = \frac{1}{2} \cdot A_{groß} - \frac{1}{2} \cdot A_{klein} + A_{klein} = \frac{1}{2} \cdot A_{groß} + \frac{1}{2} \cdot A_{klein} = \frac{1}{2} \cdot \pi \cdot (3\text{ cm})^2 + \frac{1}{2} \cdot \pi \cdot (1\text{ cm})^2 \approx 14,137\text{ cm}^2 + 1,571\text{ cm}^2 = 15,708\text{ cm}^2$

Seite 164 | Aufgabe 12

a) $A = \pi \cdot (15\text{ cm})^2 \cdot \frac{36°}{360°} = \frac{1}{10} \cdot \pi \cdot (15\text{ cm})^2 \approx 70,686\text{ cm}^2$; $u = 2 \cdot \pi \cdot 15\text{ cm} \cdot \frac{36°}{360°} = \frac{1}{10} \cdot \pi \cdot 30\text{ cm} \approx 9,425\text{ cm}$

b) Der Winkel eines Halbkreises beträgt 180°, mit Eriks Trick ergibt sich also $\frac{180°}{360°} = \frac{1}{2}$ des ganzen Kreises, das gleiche Ergebnis, das auch Pia erhalten hat. Der Winkel der Viertelkreises beträgt 90°, damit ergibt sich $\frac{90°}{360°} = \frac{1}{4}$ des ganzen Kreises.

c) r = 20 cm; $\alpha = 72°$: $A = \pi \cdot (20\text{ cm})^2 \cdot \frac{72°}{360°} \approx 251,327\text{ cm}^2$; $u = 2 \cdot \pi \cdot 20\text{ cm} \cdot \frac{72°}{360°} \approx 25,133\text{ cm}$
r = 6,7 cm; $\alpha = 108°$: $A = \pi \cdot (6,7\text{ cm})^2 \cdot \frac{108°}{360°} \approx 42,308\text{ cm}^2$; $u = 2 \cdot \pi \cdot 6,7\text{ cm} \cdot \frac{108°}{360°} \approx 12,629\text{ cm}$

Seite 165 | Aufgabe 13

a) u = 4 m; r = 0,637 m; A = 1,273 m²

b) Die Größe der beiden kleinen Kreise zusammen beträgt die Hälfte des großen. Wenn der Umfang halbiert wird, halbiert sich auch der Radius und der Flächeninhalt geht auf ein Viertel zurück.

Seite 165 | Aufgabe 14

a) Globus: $u_G = \pi \cdot d_G = 109,96$ cm, $r_G = 17,5$ cm; Seillänge: $s_G = u_G + 1\text{ m} = 209,96$ cm
Radius des Kreises aus dem Seil: $r_{nG} = \frac{209,956\text{ cm}}{2\pi} = 33,42$ cm; Durchmesser: $d_{nG} = 66,83$ cm
Abstand von der Globusoberfläche: $a = r_{nG} - r_G = 33,42\text{ cm} - 17,5\text{ cm} = 15,92\text{ cm}$
Erde: $d_G = 12\,756$ km; $u_E = \pi \cdot d_E = 40\,074,156$ km,; Seillänge: $s_E = u_E + 1\text{ m} = 40\,074,157$ km
Radius des Kreises aus dem Seil: $r_{nE} = \frac{40\,074,157\text{ km}}{2\pi} = 6378,000159$ km; Durchmesser: $d_{nE} = 12\,756,00032$ km
Abstand von der Erdoberfläche: $a = r_{nE} - r_E = 6378,000159\text{ km} - 6378\text{ km} = 15,92\text{ cm}$

b) Allgemein: Radius r in Metern;
$u = 2 \cdot \pi \cdot r$; Seillänge $s = u + 1 = 2 \cdot \pi \cdot r + 1$
Radius des Kreises aus dem Seil: $r_n = \frac{2 \cdot \pi \cdot r + 1}{2 \cdot \pi} = r + \frac{1}{2\pi}$
Abstand des Seils von der Oberfläche der Kugel: $a = r_n - r = \frac{1}{2\pi}$
Der Abstand beträgt also immer $\frac{1}{2\pi}$ m ≈ 15,9 cm.

Seite 165 | Aufgabe 15

a) $d = \frac{u}{\pi} = \frac{2 \cdot 12,6\text{ cm}}{\pi} = 8,02\text{ cm}$

b) $d = \frac{u}{\pi} = \frac{4 \cdot 8,1\text{ cm}}{\pi} = 10,31\text{ cm}$

c) $d = \frac{u}{\pi} = \frac{6 \cdot 7,9\text{ cm}}{\pi} = 15,09\text{ cm}$

d) $d = \frac{u}{\pi} = \frac{8 \cdot 5,6\text{ cm}}{\pi} = 14,26\text{ cm}$

Seite 165 | Aufgabe 16

a) Radius eines der beiden gefärbten Kreise: r = 5 cm, $A = 2 \cdot \pi \cdot (5\text{ cm})^2 = 157,08\text{ cm}^2$

b) Radius eines der vier gefärbten Kreise: r = 2,5 cm, $A = 4 \cdot \pi \cdot (2,5\text{ cm})^2 = 78,54\text{ cm}^2$

c) Radius der kleinen weißen Kreise: $r_1 = 2,5$ cm, des großen weißen Kreises: $r_2 = 5$ cm
$A = \pi \cdot (10\text{ cm})^2 - \pi \cdot (5\text{ cm})^2 - 2 \cdot \pi \cdot (2,5\text{ cm})^2 = 196,35\text{ cm}^2$

Seite 166 | Aufgabe 17

a) Maya hat Recht. Kreisbogen und Flächeninhalt eines Kreissektors sind jeweils der $\frac{\alpha}{360°}$. Teil der Werte für einen Gesamtkreis mit dem gleichen Radius. Halbiert sich α, dann halbiert sich auch dieser Anteil.

b) Erik hat nur teilweise Recht. Wenn sich der Mittelpunktswinkel vervierfacht, dann vervierfacht sich der Flächeninhalt. Vervierfacht sich dagegen der Radius, wird der Flächeninhalt 16-mal so groß, viermal so groß wird er, wenn sich der Radius verdoppelt.

Seite 166 | Aufgabe 18

a) Ein Kreisring ist die Fläche zwischen zwei Kreisringen mit unterschiedlichen Radien und dem gleichen Mittelpunkt.
$A_{Ring} = \pi \cdot r_1^2 - \pi \cdot r_2^2 = \pi \cdot (3{,}5\ \text{cm})^2 - \pi \cdot (2{,}2\ \text{cm})^2 \approx 23{,}28\ \text{cm}^2$

b) $A_{Gelb} = A_{Ring} \cdot \frac{73°}{360°} \approx 4{,}72\ \text{cm}^2$; $A_{Blau} = A_{Ring} \cdot \frac{360°-73°}{360°} \approx 18{,}56\ \text{cm}^2$;

Seite 166 | Aufgabe 19

a) individuelle Lösungen.
Der Viertelkreis entspricht der Hälfte der blauen Figur plus das halbe Quadrat.
Peter hat diese Fläche verdoppelt, dadurch erhält man dann die blaue Figur plus ein ganzes Quadrat. Das Quadrat muss man dann abziehen.
Lena hat dagegen erst den Viertelkreis berechnet, dann das halbe Quadrat abgezogen und so die halbe Figur erhalten. Dieses Ergebnis muss sie dann noch verdoppelt.

b) $A = 3{,}567\ \text{cm}^2$

Seite 166 | Aufgabe 20

a) Der Umfang entspricht zwei Halbkreisen mit dem Durchmesser a und einem Viertelkreis mit dem Durchmesser 2a.
$u = 2 \cdot \frac{1}{2} \cdot \pi \cdot a + \frac{1}{4} \cdot \pi \cdot 2a = 1{,}5\pi a$

b) Der Stil entspricht der Figur aus Aufgabe 19 in einem Quadrat mit der Seitenlänge $\frac{a}{2}$.
$A_s = 2 \cdot \frac{1}{4} \cdot \pi \cdot \left(\frac{a}{2}\right)^2 - \left(\frac{a}{2}\right)^2 = \left(\frac{\pi}{8} - \frac{1}{4}\right) a^2$
Der Flächeninhalt der Kappe entspricht dem eines Viertelkreises mit dem Radius a minus zwei Halbkreisen mit dem Radius $\frac{a}{2}$ plus dem Flächeninalt des Stils.
$A_k = \frac{1}{4} \cdot \pi \cdot a^2 - 2 \cdot \frac{1}{2} \cdot \pi \left(\frac{a}{2}\right)^2 + A_S = \left(\frac{\pi}{4} - \frac{\pi}{4}\right) a^2 + A_S = A_S$

Seite 166 | Aufgabe 21

Schritt 1: $A_1 = \frac{1}{2} \cdot \pi \cdot r^2 - 2 \cdot \frac{1}{2} \cdot \pi \cdot \left(\frac{r}{2}\right)^2 = \frac{\pi}{2} r^2 - \frac{\pi}{4} r^2 = \frac{\pi}{4} r^2$
$u_1 = \frac{1}{2} \cdot 2 \cdot \pi \cdot r + 2 \cdot \frac{1}{2} \cdot 2 \cdot \pi \cdot \frac{r}{2} = \pi r + \pi r = 2\pi r$

Schritt 2: $A_2 = A_1 - 4 \cdot \frac{1}{2} \cdot \pi \cdot \left(\frac{r}{4}\right)^2 = \frac{\pi}{4} r^2 - \frac{\pi}{8} r^2 = \frac{\pi}{8} r^2$
$u_2 = 2 \cdot \frac{1}{2} \cdot 2 \cdot \pi \cdot \frac{r}{2} + 4 \cdot \frac{1}{2} \cdot 2 \cdot \pi \cdot \frac{r}{4} = \pi r + \pi r = 2\pi r$

Schritt 3 $A_3 = A_2 - 8 \cdot \frac{1}{2} \cdot \pi \cdot \left(\frac{r}{8}\right)^2 = \frac{\pi}{8} r^2 - \frac{\pi}{16} r^2 = \frac{\pi}{16} r^2$
$u_3 = 4 \cdot \frac{1}{2} \cdot 2 \cdot \pi \cdot \frac{r}{4} + 8 \cdot \frac{1}{2} \cdot 2 \cdot \pi \cdot \frac{r}{8} = \pi r + \pi r = 2\pi r$

Schritt n: $A_n = A_{n-1} - 2^n \cdot \frac{1}{2} \cdot \pi \cdot \left(\frac{r}{2^n}\right)^2 = \frac{\pi}{2^{n+1}} r^2$
$u_n = 2\pi r$

Der Flächeninhalt der gefärbten Fläche wird immer kleiner, der Umfang bleibt gleich.

7.2 Prismen und Zylinder

Seite 168 | Einstieg

Für die Oberfläche eines Quaders gilt $O = 2ab + 2ac + 2bc$, wenn a, b und c die drei Seitenlängen sind.
Die Aussage von Tim ist nicht richtig. Das Volumen des Dreiecksprismas ist halb so groß wie das des Quaders, für die Oberfläche gilt dies aber nicht. Die Ober- und Unterseite ist zwar halb so groß wie die entsprechenden Seiten des Quaders. Außerdem bleiben zwei der vier Seitenflächen des Quaders erhalten. Es kommt aber noch eine dritte Seitenfläche hinzu (die „Schnittfläche"), die der Quader nicht hat.

Seite 171 | Aufgabe 1

a) $O = 2 \cdot \pi \cdot (10\ \text{mm})^2 + 2 \cdot \pi \cdot 10\ \text{mm} \cdot 15\ \text{mm} \approx 1570{,}80\ \text{mm}^2$
b) $O = 2 \cdot \pi \cdot (5\ \text{mm})^2 + 2 \cdot \pi \cdot 5\ \text{mm} \cdot 12\ \text{mm} \approx 534{,}07\ \text{mm}^2$
c) $O = 2 \cdot \pi \cdot (21\ \text{mm})^2 + 2 \cdot \pi \cdot 21\ \text{mm} \cdot 51\ \text{mm} \approx 9500{,}18\ \text{mm}^2$
d) $O = 2 \cdot \pi \cdot (2{,}6\ \text{cm})^2 + 2 \cdot \pi \cdot 2{,}6\ \text{cm} \cdot 4{,}2\ \text{cm} \approx 111{,}09\ \text{cm}^2$

Seite 171 | Aufgabe 2

a) $O = 2 \cdot \pi \cdot (5\ \text{cm})^2 + 2 \cdot \pi \cdot 5\ \text{cm} \cdot 8\ \text{cm} \approx 408{,}41\ \text{cm}^2$
b) $O = 2 \cdot \pi \cdot (6{,}4\ \text{cm})^2 + 2 \cdot \pi \cdot 6{,}4\ \text{cm} \cdot 6\ \text{cm} \approx 53498{,}63\ \text{cm}^2$
c) $O = 2 \cdot \pi \cdot (2{,}9\ \text{cm})^2 + 2 \cdot \pi \cdot 2{,}9\ \text{cm} \cdot 5{,}8\ \text{cm} \approx 158{,}52\ \text{cm}^2$
d) $O = 2 \cdot \pi \cdot (2\pi\ \text{m})^2 + 2 \cdot \pi \cdot 2\pi\ \text{m} \cdot 6\ \text{m} \approx 484{,}92\ \text{m}^2$

Seite 171 | Aufgabe 3

a) ① r = 1,5 cm; h = 5 cm

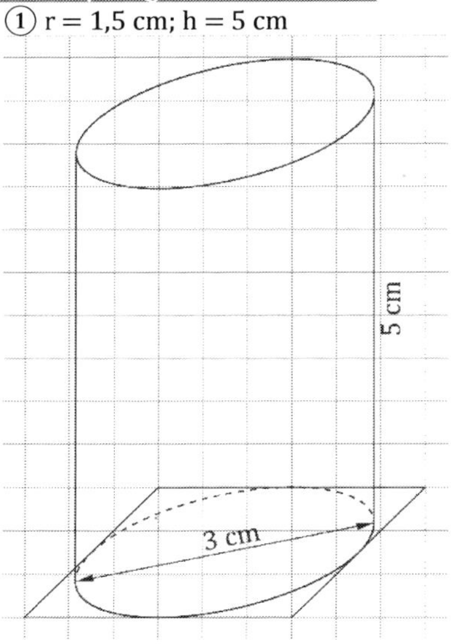

② r = 2,5 cm; h = 4 cm

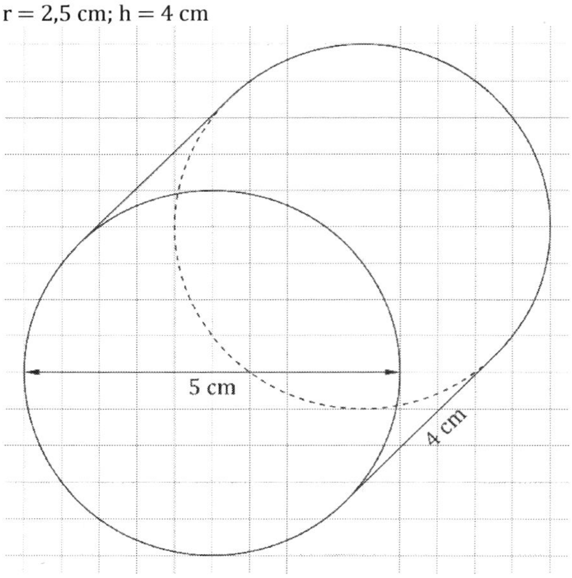

b) ① r = 1,5 cm; h = 5 cm; u = 9,425 cm

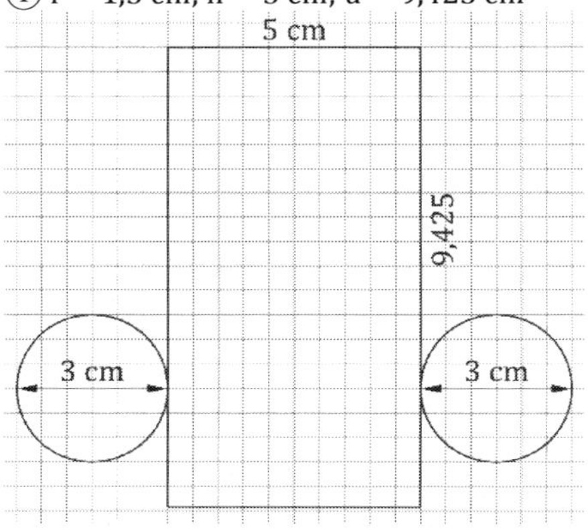

O = 61,26 cm²

② r = 2,5 cm; h = 4 cm; u = 15,708 cm

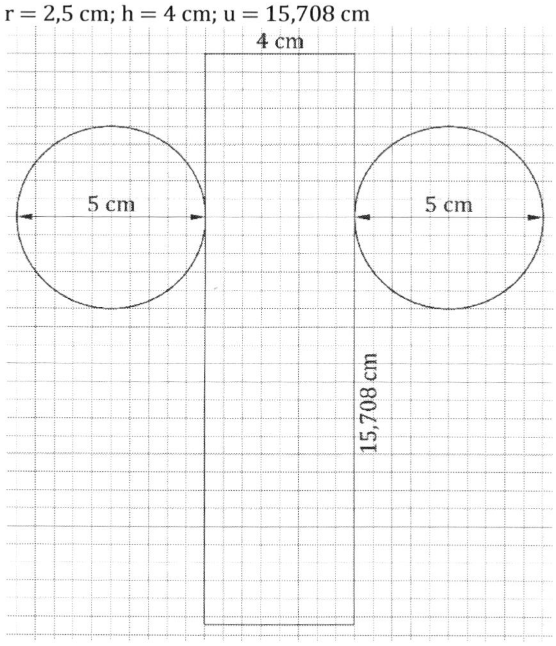

O = 102,10 cm²

Seite 172 | Aufgabe 4

a) r = 2 cm; h = 2 cm; u = 12,57 cm

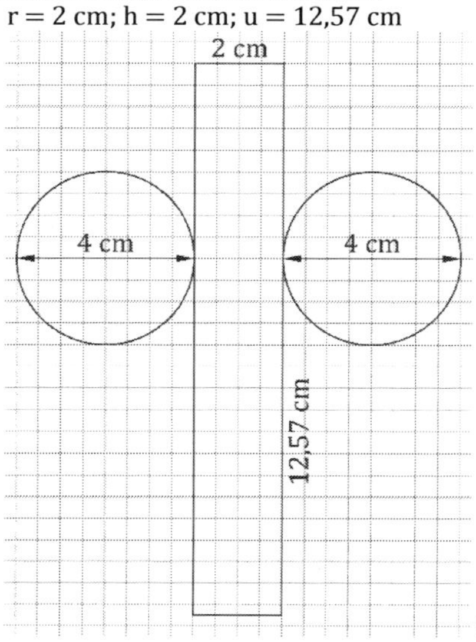

O = 50,27 cm²

b) Die beiden Rechtecke sind nicht die Seitenansichten des gleichen Zylinders, wenn sie beide einen stehenden Zylinder darstellen. Pias Zylinder hat die Höhe 4 cm und den Durchmesser 2 cm, also den Radius 1 cm.

Seite 172 | Aufgabe 5

a)

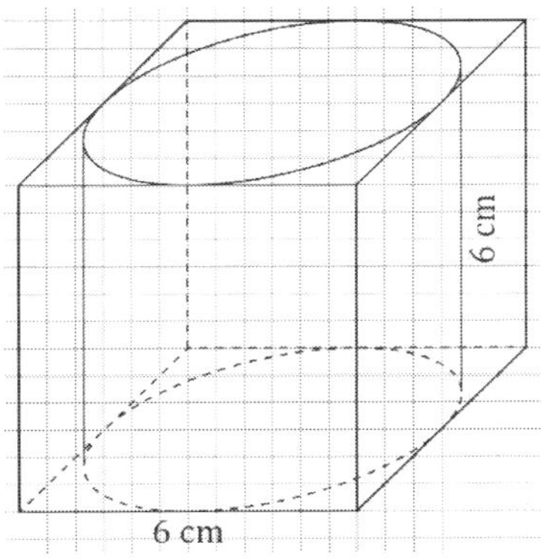

b) $r = 3$ cm; $h = 6$ cm; $u = 18{,}85$ cm

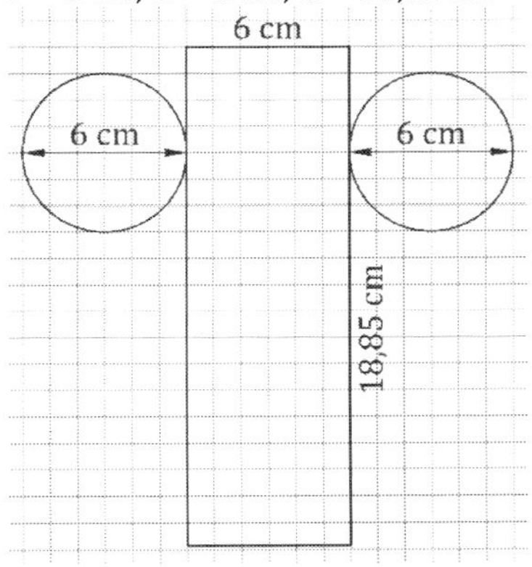

c) $O = 169{,}65$ cm²

Seite 172 | Aufgabe 6

a) $G = 200$ mm²; $V = 9600$ mm³
b) $G = 11{,}04$ cm²; $V = 68{,}448$ cm³
c) $G = 63$ cm²; $V = 1663{,}2$ cm³

Seite 172 | Aufgabe 7

a) $G = 24{,}8$ cm²; $V = 310$ cm³
b) $G = 5$ m²; $V = 40$ m³

Seite 172 | Aufgabe 8

a) ① $G = 6$ cm²; $h = 6$ cm; $V = 26$ cm³
② $G = 6$ cm²; $h = 4$ cm; $V = 24$ cm³

b) ①

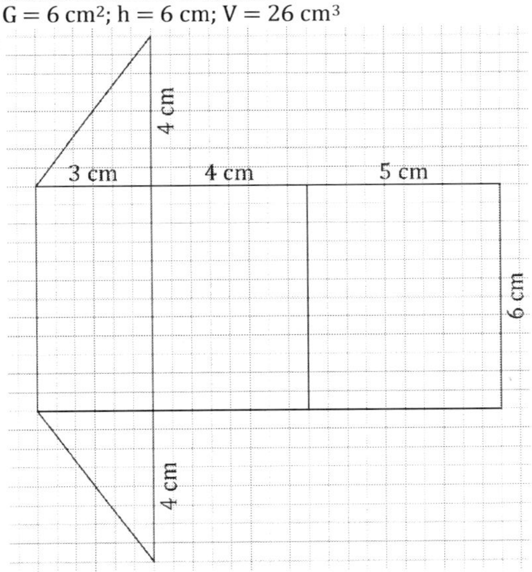

②

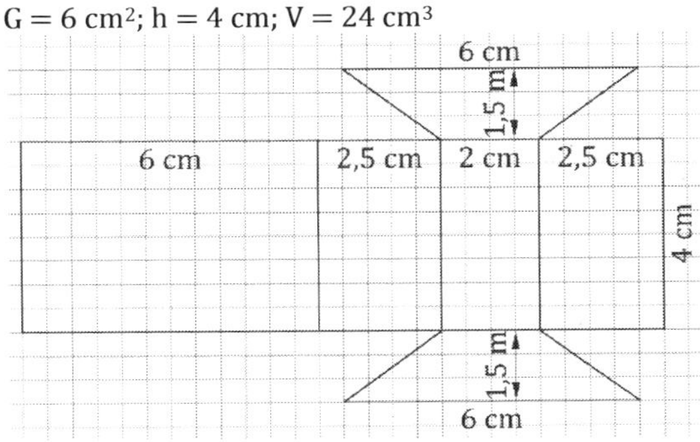

Seite 173 | Aufgabe 9

$G = 78$ m²; $h = 1$ km $= 1000$ m; $V = 78\,000$ m³ $= 78\,000\,000$ l $= 780\,000$ hl.
Pro Kilometer befinden sich in dem Kanal 780 000 hl Wasser.

Seite 173 | Aufgabe 10

a) $V = 1017{,}88$ cm³
b) $V = 1900{,}66$ m³
c) $V = 875{,}60$ cm³
d) $V = 2790{,}56$ cm³

Seite 173 | Aufgabe 11

	r	h	G	M	O	V
a)	4 cm	12 cm	50,265 cm²	301,593 cm²	402,124 cm²	603,186 cm³
b)	2 cm	3,183 cm	12,566 cm²	40 cm²	65,133 cm²	40 cm³
c)	4,5 dm	0,707 dm	63,617 dm²	20 dm²	147,235 dm²	45 dm³
d)	1,91 cm	5 cm	11,459 cm²	60 cm²	82,981 cm²	57,296 cm³
e)	2 cm	4 cm	12,566 cm²	50,23 cm²	75,36 cm²	50,265 cm³
f)	6 cm	9 cm	113,111 cm²	339,313 cm²	565,535 cm²	1018 cm³

Seite 173 | Aufgabe 12

a) $h = 1{,}5$ cm; $r = 2{,}5$ cm; $V = 29{,}45$ cm³
b) Bei dem gedrehten Rechteck gilt $h = 5$ cm; $r = 0{,}75$ cm.
Da der Radius quadratisch in das Volumen eingeht, ist das Volumen nun kleiner. (Es ist $V = 8{,}836$ cm³.)

Seite 173 | Aufgabe 13

Der Tank ist näherungsweise ein Zylinder. Der Durchmesser ist in etwa so groß wie der Oberkörper und Kopf des Mannes, der davor steht, also etwa $d = 1{,}30$ m.
Die Höhe des Zylinders entspricht der Länge des Lasters. Der Durchmesser eines Reifen ist ca. 1 m. Es werden 4 Reifen gezählt, die Lücke ist etwa so lang wie 2 Reifen: $h = 6$ m
Damit ergibt sich näherungsweise das Volumen $V = 8$ m³.

Seite 173 | Aufgabe 14

$V = \pi \cdot r^2 \cdot h = 12 \cdot \pi\ dm^2$, also $r^2 \cdot h = 12$ mit h und r in dm.
Mögliche Maße sind damit $h = 3$ dm und $r = 2$ dm; $h = 1{,}92$ dm und $r = 2{,}5$ dm; $h = 5\frac{1}{3}$ dm und $r = 1{,}5$ cm etc.

Seite 174 | Aufgabe 15

a) wahr, denn Volumen und Höhe sind proportional zueinander.
b) falsch, dann vervierfacht sich die Mantelfläche.
c) falsch, die Mantelfläche verdreifacht sich dann zwar, aber da die Grundfläche gleich bleibt, gilt dies nicht für den Oberflächeninhalt.

Seite 174 | Aufgabe 16

a) $V = \frac{1}{2} \cdot 4\ cm \cdot 3\ cm \cdot 5\ cm = 30\ cm^3$ $\qquad O = 2 \cdot \frac{1}{2} \cdot 4\ cm \cdot 3\ cm + (4\ cm + 3\ cm + 5\ cm) \cdot 5cm = 72\ cm^2$

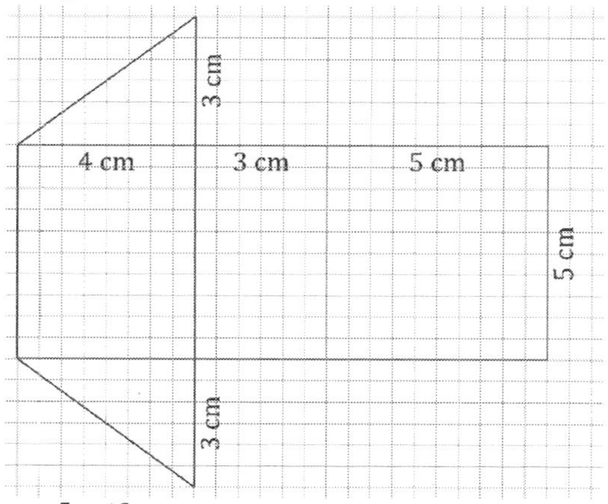

b) $V = \frac{7\ cm + 3\ cm}{2} \cdot 3\ cm \cdot 4\ cm = 60\ cm^3$ $\qquad O = 2 \cdot \frac{7\ cm + 3\ cm}{2} \cdot 3\ cm + (7\ cm + 3\ cm + 3\ cm + 5\ cm) \cdot 4\ cm = 102\ cm^2$
c) $V = (2 \cdot 1\ cm \cdot 5\ cm + 1\ cm \cdot 3\ cm) \cdot 5\ cm = 65\ cm^3$ oder $V = 5\ cm \cdot 5\ cm \cdot 5\ cm - 3\ cm \cdot 4\ cm \cdot 5\ cm = 65\ cm^3$
$O = 2 \cdot (2 \cdot 1\ cm \cdot 5\ cm + 1\ cm \cdot 3\ cm) + 3 \cdot 5\ cm \cdot 5cm + 2 \cdot 4\ cm \cdot 5\ cm + 3\ cm \cdot 5\ cm + 2 \cdot 1\ cm \cdot 5\ cm = 166\ cm^2$
d) $V = (4\ cm \cdot 3\ cm + 7\ cm \cdot 1\ cm) \cdot 12\ cm = 228\ cm^3$ oder $V = 7\ cm \cdot 5\ cm \cdot 12\ cm - 4\ cm \cdot 4\ cm \cdot 12\ cm = 228\ cm^3$
$O = 2 \cdot (4\ cm \cdot 3\ cm + 7\ cm \cdot 1\ cm) + (7\ cm + 5\ cm + 3\ cm + 4\ cm + 4\ cm + 1\ cm) \cdot 12\ cm = 326\ cm^2$

Seite 174 | Aufgabe 17

a) $V = \pi \cdot (5\ cm)^2 \cdot 10\ cm = 785{,}40\ cm^3$
b) halber Durchmesser: $d = 5$ cm; $r = 2{,}5$ cm; $h = \frac{V}{\pi \cdot r^2} = 40$ cm
doppelter Durchmesser: $d = 20$ cm; $r = 10$ cm; $h = \frac{V}{\pi \cdot r^2} = 2{,}5$ cm
c) Der Radius (und damit der Durchmesser) geht quadratisch in das Volumen ein. Will man also bei gleichem Volumen den Durchmesser um einen bestimmten Faktor vergrößern, so muss man die Höhe mit dem Quadrat dieses Faktors multiplizieren. Soll also z. B. der Durchmesser verdreifacht werden, muss man die Höhe auf ein Neuntel verkleinern etc.

Seite 174 | Aufgabe 18

a) ①

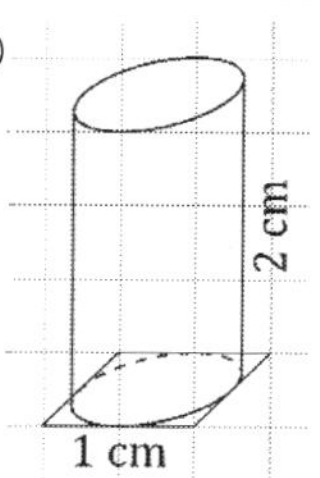

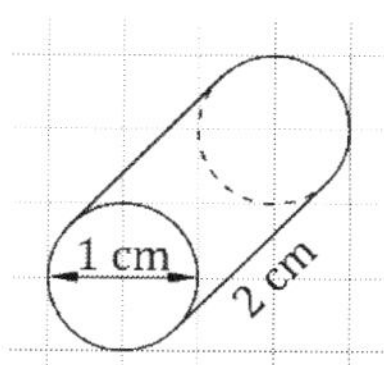

②

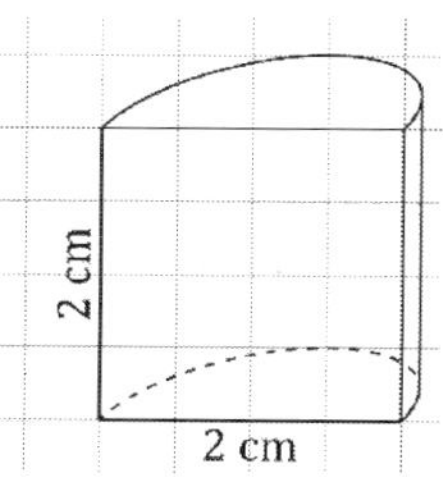

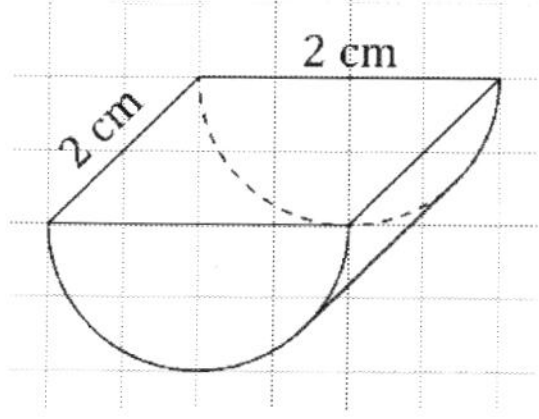

③ 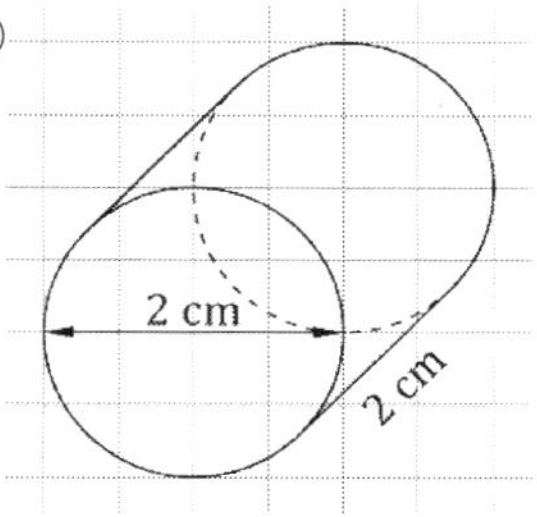

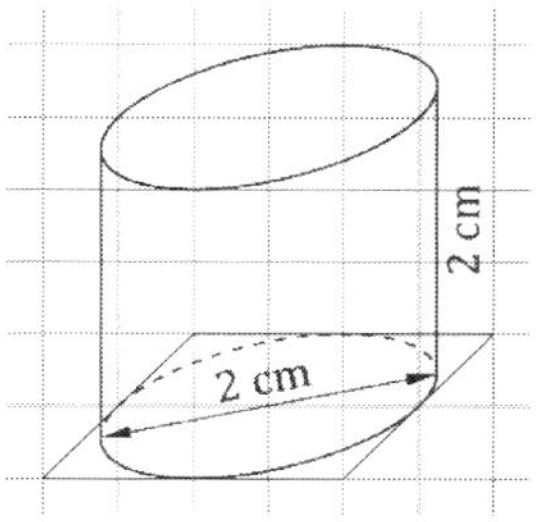

b) ① $O = 2 \cdot \pi \cdot (0{,}5\text{ cm})^2 + 2 \cdot \pi \cdot 0{,}5\text{ cm} \cdot 2\text{ cm} \approx 7{,}85\text{ cm}^2$
② $O = 2 \cdot \frac{1}{2} \cdot \pi \cdot (1\text{ cm})^2 + (\pi \cdot 1\text{ cm} + 2\text{ cm}) \cdot 2\text{ cm} \approx 13{,}42\text{ cm}^2$
③ $O = 2 \cdot \pi \cdot (1\text{ cm})^2 + 2 \cdot \pi \cdot 1\text{ cm} \cdot 2\text{ cm} \approx 18{,}85\text{ cm}^2$

c) ① $V = \pi \cdot (0{,}5\text{ cm})^2 \cdot 2\text{ cm} = 1{,}57\text{ cm}^3$
② $V = \frac{1}{2} \cdot \pi \cdot (1\text{ cm})^2 \cdot 2\text{ cm} = 3{,}14\text{ cm}^3$
③ $V = \pi \cdot (1\text{ cm})^2 \cdot 2\text{ cm} = 6{,}28\text{ cm}^3$

Seite 175 | Aufgabe 19

Breite des Feldes: $\frac{30\,000\text{ m}^2}{200\text{ m}} = 150\text{ m}$
Anzahl der Bahnen: $150 : 6 = 25$
Anzahl der Bügel pro Bahn: $200 : 2{,}5 = 80$
Gesamte Zahl der Drahtbügel: $25 \cdot 80 = 2000$
Radius der Bahnen: $6\text{ m} : 2 = 3\text{ m}$
Oberfläche einer Bahn: $O = \frac{1}{2} \cdot 2 \cdot \pi \cdot 3\text{ cm} \cdot 200\text{ m} \approx 1885\text{ m}^2$
Oberfläche aller Bahnen: $1885\text{ m}^2 \cdot 25 = 47\,125\text{ m}^2 = 47{,}125\text{ ha}$
Für das Feld werden 2000 Bügel und 47,125 ha Plastikfolie benötigt.

Seite 175 | Aufgabe 20

a) $V = 8\text{ cm} \cdot 8\text{ cm} \cdot 4\text{ cm} - \frac{1}{2} \cdot \pi \cdot (2\text{ cm})^2 \cdot 8\text{ cm} = 205{,}73\text{ cm}^3$

b) Wenn man einen Teil des Quaders entfernt, verändert man die Oberfläche, verkleinert sie aber nicht einfach. Manchmal kann sie sogar größer werden. Diese Methode eignet sich also nicht zur Berechnung der Oberfläche.

c) Man berechnet die Oberflächen einzeln.
Bei den Rechtecken ist das einfach, bei der Vorder- und Rückseite zieht man von dem Rechteck die Fläche des Halbkreises ab. Die gebogene Fläche ist die halbe Mantelfläche des Zylinders.
$O = 2 \cdot 8\text{ cm} \cdot 4\text{ cm} + 8\text{ cm} \cdot 8\text{ cm} + 2 \cdot 2\text{ cm} \cdot 8\text{ cm} + 2 \cdot (4\text{ cm} \cdot 8\text{ cm} - \frac{1}{2} \cdot \pi \cdot (2\text{ cm})^2) + \frac{1}{2} \cdot 2 \cdot \pi \cdot 2\text{ cm} \cdot 8\text{ cm} \approx 261{,}7\text{ cm}^2$

Seite 175 | Aufgabe 21

Die Stirnseite des Kastens ist ein halber Kreisring mit dem Außendurchmesser 17 cm (1,7 dm) und dem Innendurchmesser 15 cm (1,5 dm).
Der Kasten ist 1,2 m = 12 dm lang.
$V = \frac{1}{2} \cdot (\pi \cdot (1{,}7\text{ dm})^2 - \pi \cdot (1{,}5\text{ dm})^2) \cdot 12\text{ dm} = 12{,}064\text{ dm}^3$
Masse: $m = 12{,}064\text{ dm}^3 \cdot 1{,}4\ \frac{\text{kg}}{\text{dm}^3} = 16{,}89\text{ kg}$
Der Blumenkasten wiegt knapp 17 kg.

Seite 175 | Aufgabe 22

a) Gartenschläuche gibt es mit den Innendurchmessern 1/2 Zoll und 3/4 Zoll, das sind 12,7 mm bzw. 19 mm. Zum Gießen wird meistens der 1/2-Zoll-Schlauch verwendet, der dickere eher für fest verlegte Schlauchanlagen.
Wir rechnen hier deswegen mit 12,7 mm = 1,27 cm, also dem Radius $r_i = 0{,}635$ cm. Die Wanddicke beträgt etwa 3 mm, der Außenradius $r_a = 0{,}785$ cm.
$V = 1\text{ l} = 1000\text{ cm}^3; l = \frac{V}{\pi \cdot r_i^2} \approx 789{,}41\text{ cm}$
Ein solcher Schlauch muss knapp 8 m lang sein.
$M = 2 \cdot \pi \cdot r_a \cdot l \approx 3893{,}61\text{ cm}^2$
Die Mantelfläche beträgt knapp 4000 cm².

b) $r_i = \sqrt{\frac{V}{\pi \cdot l}} = \sqrt{\frac{1000\text{ cm}^3}{\pi \cdot 2000\text{ cm}}} \approx 0{,}4\text{ cm}$
Der Innendurchmesser dieses Schlauchs beträgt etwa 8 mm.

Seite 175 | Aufgabe 23

a) Die Oberfläche setzt sich aus der Innenfläche des Rohres, der Außenfläche und den beiden Stirnseiten zusammen.
$O = 2 \cdot \pi \cdot 1{,}6\text{ cm} \cdot 50\text{ cm} + 2 \cdot \pi \cdot 1{,}8\text{ cm} \cdot 50\text{ cm} + 2 \cdot \pi \cdot ((1{,}8\text{ cm})^2 - (1{,}6\text{ cm})^2) \approx 1072{,}41\text{ cm}^2$
Es müssten etwa 1072,41 cm² mit der Schutzschicht überzogen werden.

b) $V = \pi \cdot ((1{,}8\text{ cm})^2 - (1{,}6\text{ cm})^2) \cdot 50\text{ cm} = 106{,}81\text{ cm}^3$
Das Rohr verdrängt etwa 106,841cm³ Flüssigkeit.

Seite 176 | Aufgabe 24

Vier der unten liegenden Baumstämme sind zusammen so breit wie die drei Räder darunter. Ein Lkw-Rad hat einen Durchmesser von etwa 1 m. Dies ergibt einen durchschnittlichen Durchmesser der Baumstämme von 0,75 m.
Die Baumstämme sind etwa so lang wie der Anhänger breit ist, also ca. 2,50 m.
$V = 8 \cdot \pi \cdot (0{,}375\ \text{m})^2 \cdot 2{,}5\ \text{m} \approx 8{,}84\ \text{m}^3$
Die Baumstämme haben ein Volumen von etwa 9 m^3.
Fichtenholz hat eine mittlere Dichte von ca. 470 $\frac{\text{kg}}{\text{m}^3}$; Kiefernholz von etwa 520 $\frac{\text{kg}}{\text{m}^3}$, Tannenholz von 450 $\frac{\text{kg}}{\text{m}^3}$.
Das Holz hat also je nach Sorte eine Masse von etwa 4,05 Tonnen (Tanne), 4,23 Tonnen (Fichte) oder 4,68 Tonnen (Kiefer).

Seite 176 | Aufgabe 25

a) ① Zylinder mit h = 3 cm und r = 1 cm.
② Zylinder mit h = 1 cm und r = 3 cm
③ zwei Zylinder aufeinander, unterer: h = 1 cm; r = 2 cm; oberer: h = 1 cm; r = 1 cm
④ Zylinder mit h = 2 cm; r = 2 cm; aus dem oben ein Zylinder mit h = 1 cm; r = 1 cm herausgebohrt wurde.

b) ① $V = 9{,}425\ \text{cm}^3$ ② $V = 28{,}274\ \text{cm}^3$ ③ $V = V_G + V_K = 15{,}708\ \text{cm}^3$ ④ $V = V_G - V_K = 21{,}991\ \text{cm}^3$

c) ① $O = 25{,}133\ \text{cm}^2$ ② $O = 75{,}398\ \text{cm}^2$ ③ $O = O_G + M_K = 43{,}982\ \text{cm}^2$ ④ $O = O_G + M_K = 56{,}548\ \text{cm}^2$

d) Der untere Zylinder ist bei beiden Körpern gleich. Bei ③ wird darauf ein kleinerer Zylinder (Innenzylinder) aufgesetzt, bei ④ ein Ring mit dem großen Außendurchmesser. Dieser hat ein größeres Volumen als der Innenzylinder. Da sowohl seine innere als auch seine äußere Mantelfläche berücksichtigt werden müssen, ist auch seine Oberfläche größer.

Seite 176 | Aufgabe 26

a) $V = \pi \cdot ((2a)^2 - a^2) \cdot a = 3\pi a^3$

b) a steht in der Formel für V in der dritten Potenz. Das bedeutet:
Verdoppelt man a, verachtfacht sich V ($2^3 = 8$); verdreifacht man a, wird V 27-mal so groß, halbiert man a, ist V nur noch ein Achtel so groß, drittelt man a, geht V auf $\frac{1}{27}$ zurück usw.

c) $O = 2 \cdot \pi \cdot ((2a)^2 - a^2) + 2 \cdot \pi \cdot 2a \cdot a + 2 \cdot \pi \cdot a \cdot a = 12\pi a^2$

d) a steht in der Formel für O in der zweiten Potenz. Das bedeutet:
Verdoppelt man a, vervierfacht sich V ($2^2 = 4$); verdreifacht man a, wird V 9-mal so groß, halbiert man a, ist V nur noch ein Viertel so groß, drittelt man a, geht V auf ein Neuntel zurück usw.

Seite 176 | Aufgabe 27

a) Beispiele:

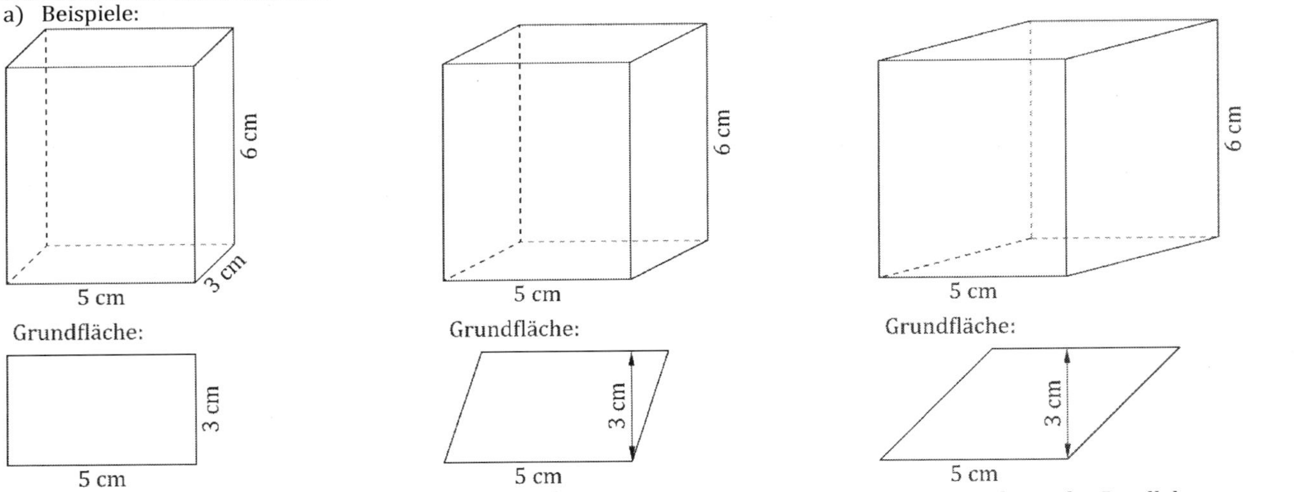

b) Die Grundflächen aller Prismen haben den gleichen Flächeninhalt, da dieser nur von der Grundseite des Parallelogramms und der zugehörigen Höhe abhängt. Ihr Volumen ist also auch gleich:
$V = 5\ \text{cm} \cdot 3\ \text{cm} \cdot 6\ \text{cm} = 90\ \text{cm}^3$

c) Die Grundflächen aller Prismen haben den gleichen Flächeninhalt, ebenso die Vorder- und Rückseiten. Unterschiedlich sind nur die Seitenflächen. Deren Flächeninhalt ist umso größer, je länger die schräge Seite des Parallelogramms ist. Damit gilt: Den kleinsten Oberflächeninhalt hat das linke Prisma, den größten das rechte.

d) Von allen Prismen mit diesen Bedingungen hat dasjenige den kleinsten Oberflächeninhalt, dessen Grundfläche ein Rechteck ist, hier also das linke.

e) Für alle solche Prismen gilt, dass das Volumen gleich groß ist, nämlich $V = 90\ \text{cm}^3$.
Je kleiner der Seitenwinkel des Parallelogramms, desto größer der Oberflächeninhalt.
Je länger die schräge Seite des Parallelogramms, desto größer der Oberflächeninhalt.